華志文化

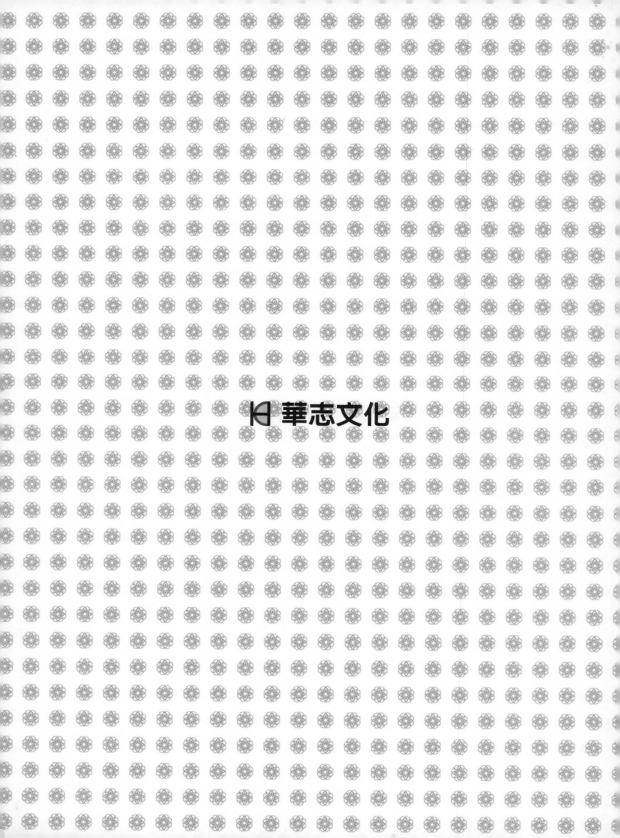

華志文化

自我免疫系統

是身體最好的醫院

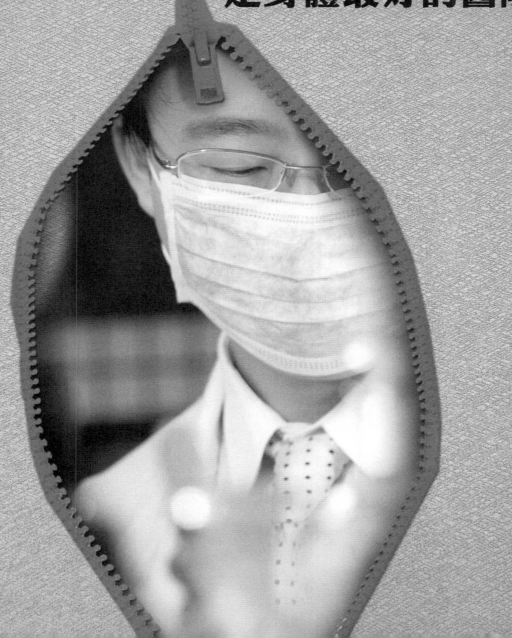

前言

俗話說：「臉上長斑，緣於腎肝」，人體生病，在人體的體徵、感受等方面會有所表現。只要我們注意觀察、分析與思考，就不難發現人體的各種異常表徵與疾病之間存在內在聯繫。本書將這方面的知識彙編成冊，以求對人們健康有所幫助。

目前儘管超音波、CT、核磁共振、數位顯影技術等先進技術廣泛運用，然而誤診率仍然偏多。據統計，目前臨床誤診率在30%左右，而某些疑難病例誤診率竟達到40%以上。

有病吃藥，但治病的藥也可能引發新的疾病。據悉，全世界每年死亡的人當中，有1/3死於不正確用藥，在某些醫療單位，這一比率可達到34.1%。德國健康雜誌《生機》報導，一位醫生研究發現，人體自身有能力治癒60%～70%自身的不適和疾病。

這位醫生說，科學家目前已經解開了機體自癒的一些祕密。當人有不適或生病時，身體可以從自身的「藥舖」中找到30～40種「藥」來對症治療。這種治療過程是由激素、免疫抗體等因子綜合發揮作用的。在這一過程中，保持積極向上的精神狀態非常重要。每天維持以舒適的姿態閉目養神10～20分鐘，將思想集中在愉快的事情上，並多做腹式呼吸，將有助於提高人體本身的自癒能力。

本書選擇了生活中最常見的、自己可以測知的體徵與健康的相關現象，引導讀者運用異常體徵與病變之間的關係，進行分析預測，有助於及早發現疾病的初期表現，及早就醫治療，防患於未然。

　　「最好的醫生是自己，最好的醫院是自身的免疫系統」。經常注意觀察自己和親友的體徵變化，就醫時可降低誤診狀況；適時合理地調養身體，減少藥物的毒害。充分借助自身免疫系統的功能，克服現代醫學的一些局限性，治好自己的疾病，維護自身的健康，健康長壽就會靠近您！

　　本書編寫過程中，參閱了網上的大量資訊、許多書報雜誌、文摘中的相關內容，還參閱了一些從事健康保健的企業、團體、個人的保健資料等等，在此，向對本書編寫有過幫助的機構、人士表示衷心的感謝！

　　由於作者蒐集的資料有限，本書編寫挂一漏萬，缺失、問題在所難免，敬請讀者批評指正。

傅治梁

【注】電腦斷層掃描（Computed Tomography，簡稱為「CT」），是一種影像診斷學的檢查。這一技術曾被稱為電腦軸向斷層成像（Computed Axial Tomography）。 X光電腦斷層掃描（X-Ray Computed Tomography，簡稱 X-CT）是一種利用數位幾何處理後重建之醫療技術。

目錄

二　面部、皮膚、毛髮部分

三　骨骼、四肢部分

第二章　時間與健康的關係

第三章 幾種常見病的症狀、病因

第四章　健康狀況自查自測的方法

第 一 章

人體異常體徵
預示的病變

一、五官部分

Q 1.口感異常預示什麼病變？

A答：（1）口酸。多見於胃炎和消化性潰瘍，與胃酸過多密切相關。口酸者的唾液中的乳酸、磷酸酶等比正常人高，pH值偏於酸性。

（2）口甜。多見於消化功能紊亂患者和糖尿病患者。消化系統功能紊亂可致各種酶分泌異常，唾液中澱粉酶含量增加，可把澱粉分解成葡萄糖，刺激舌上味蕾而感覺口甜。而糖尿病患者出現口甜的感覺，多表示血糖增高。

（3）口苦。人體內唯一能產生苦味的器官就是膽，口苦多為急性炎症，以肝膽疾病表現最為多見，與膽汁排泄異常有關。早晨起來如口苦尿黃，可能是肝熱。若同時伴有右腹部飽脹，吃油膩食物或飽食後加重，可能是膽石症。另外癌症病人喪失了對甜味食物的味覺，但對食物的發苦感覺與日俱增。

（4）口辣。多見於肺炎、支氣管炎、高血壓、更年期綜合症、長期發熱患者。因為辣味是鹹味、熱覺及痛覺的綜合感覺，所以自覺口辣的病人舌溫可能偏高。

（5）口香。多見於糖尿病的重症病人，由於胰島素分泌功能受阻，藥物又控制不住人體血糖的升高，造成機體酮體蓄積，常致肝昏迷，致使唾液內糖量升高，似覺口中有清香甜味。

（6）口臭。牙周病、齲齒、口腔潰瘍以及鼻咽部炎症、胃腸功能紊亂、消化不良者可發生口臭。如果呼吸時有丙酮氣味或者聞到腐爛的蘋果味及尿後聞到尿甜味，則有可能是患了糖尿病；口臭似尿味，可能是得了腎臟疾病；如果有黏土味的口臭，則有可能是患有肝硬化或肝炎等疾病；如果是腐爛氣味，則是牙

周病或牙齦發炎。

（7）口鹹。多見於慢性咽炎、神經官能症、癌症患者，大量吸菸的人、口腔潰瘍、慢性腎炎、腎功能損害的患者常也會感到口鹹。

（8）口淡。患腸炎、痢疾等消化系統疾病、內分泌疾病、長期發熱、消耗性疾病以及營養不良的人，常常會感覺口中淡而無味。老年人因味蕾退化也會產生口淡無味的感覺。口淡也可能發生在身體炎症的初期或消退階段，尤其是消化道疾病如消化性潰瘍等，都會導致「食不知味」。內分泌疾病及長期發熱的消耗性疾病、營養不良、維生素及微量元素缺乏、蛋白質及熱量攝取不足的病人，也時常會覺得口淡。

術後病人食欲不振也會覺得口舌淡而無味。當口中乾澀，感覺不出食物的滋味時，要注意心臟發生病變。

在糖尿病、甲狀腺腫瘤和青光眼病人中，「味盲」者的比例比正常人高。一些口腔疾病，例如口腔潰瘍等也會干擾味覺。此外，口感異常還與睡眠不足、氣候變化、情緒好壞、吸菸飲酒等因素有關。

Q 2.口味變化預示什麼病變？

A答：人們對食物選擇，多半取決於口味。當突然愛吃某些食物時，可能是身體本能需求的自然反應，可能是體內缺乏某種營養素而發出的警訊。

（1）愛吃酸味。孕婦愛吃酸味，膽道功能和肝功能不佳者，也會偏愛酸味。

（2）愛吃甜味。甜與脾臟關係密切。突然愛上甜食，可能

是脾臟機能退化的徵兆。

（3）愛吃苦味。苦味入心，當心臟機能衰退時，會突然變得能吃或愛吃苦味食物。

（4）愛吃辣味。中醫有辣入肺的說法，如果很想吃辣味食物，則提示肺臟過虛。

（5）愛吃鹹味。可能體內缺碘或腎虛。口味過鹹會損害腎臟，還會造成高血壓。

（6）渴。運動後常感到口渴，這屬正常現象。如喝水多，仍渴而不止，小便過多，應檢查胰臟功能。

Q 3.怎樣透過食欲變化、餐後感覺看健康？

A答：人的食欲除受周圍環境、思想情緒等因素的影響外，還會受到身體不適和疾病的影響。因此，人們食欲的變化，能反映出身體的健康狀況。

（1）食欲旺盛且容易饑餓。運動後食欲增加，屬正常生理現象。但若食量驟增且持續，身體卻日漸消瘦，伴有口渴、多飲、多尿，這很可能是患了糖尿病，應去內分泌科檢查胰臟分泌功能。

（2）近期內食欲突然旺盛，但體重反而減輕，伴乏力、怕熱、易出汗、易激動、眼球充脹並稍微向外突出等症狀，則可能患有甲狀腺機能亢進症。

（3）進食大量油膩食物之後，出現食欲明顯減退，並伴有腹脹、胸悶、陣發性腹痛等症狀，則可能是消化不良造成的飲食不適。若食欲尚可，進食油膩食物後，出現右上腹疼痛，這可能是膽囊出了毛病。

（4）突然食欲減退，見食生厭，尤其是見了油膩食物就噁心，全身疲乏，腰痠無力，尿色深黃如濃茶，並見眼白發黃，可能是患了病毒性黃疸性肝炎（慢性肝炎少見食欲不振，若有，則病情惡化）；若食欲減退、心窩悶痛、噁心，多見於急性胃炎；若食欲不振，胃沉重，慢性胃炎居多；若食欲差，見食生厭，大便不正常，進食油膩食物就腹瀉，這是消化不良；若食欲不正常，並有腹脹，且多在食後加重，平臥時腹脹可減輕，並伴有噯氣、噁心、胃痛等症狀，這可能是胃下垂；若突然不思飲食、鼻塞流涕、口淡無味、舌苔白膩，多為傷風感冒引起；食欲減退，也可能是因膽囊病變。

（5）長時間食欲差，見食生厭，大便稀薄、次數增加，進食油膩食物就腹瀉，為腸胃方面疾病表徵；口臭有味，食欲低下，可能為習慣性便祕。

（6）暴飲暴食後突然發生上腹部劇痛，同時伴有噁心、嘔吐、發熱，透過解痙止痛劑不能緩解症狀，可能是急性胰臟炎。

（7）食欲不振還可由各種急性傳染病、腎臟病以及胃癌、腸癌等惡性腫瘤引起。如慢性腎炎患者出現噁心厭食，可能是尿毒症的重要警訊；兒童或老人食欲不振往往是大病初起的前兆。40歲以上的人，在沒有任何原因的情況下，嚴重性厭食，食後腹部飽脹，同時伴有倦怠、食欲下降，身體日漸消瘦，可能是食道癌或胃癌、腸癌、胰臟癌等早期信號，應及早去醫院診治。

Ｑ 4.進食後感覺異常是什麼病？

Ａ答：（1）多食易饑，表示消化吸收功能增強；食後不久，便常感饑餓，上腹隱痛，吐酸水，可能有早期胃炎或胃潰瘍；食

後胃痛減輕，則是胃空虛而致胃血液供應不足，食後胃痛加重，提示胃壁發炎、充血，或胃內容物排空不暢。喜熱食，表示胃的能量代謝率低，產熱量低；喜冷飲，表示胃的能量代謝率高，產熱量高。

（2）進食時邊下嚥邊嘔吐，常見於逆流性食道炎；食後0.5～1小時左右，心窩或中下腹部有不適、嘔吐感，要懷疑慢性胃炎或十二指腸潰瘍的可能；食後幾小時至12小時才嘔吐大量隔夜發酵食物者，多見於慢性胃腸道梗阻性病變；平時食欲不振，大便稀薄，次數增多，吃些油膩食物後就要腹瀉，可能腸胃有病；食欲正常但食後有腸鳴、便意感，即上廁所解大便，有時表現出吃一頓解一次大便，有可能是患胃腸功能紊亂、腸過敏症或慢性腸炎。

（3）食欲不正常並有腹脹，且多在食後加重，平臥時腹脹可減輕，常噯氣，有時便祕或腹瀉，並伴有噁心、胃痛等症狀，可能是患了胃下垂。

（4）暴飲暴食或食油膩食物後，右上腹腹痛，痛感並放射到右肩背部，很可能患有膽囊炎或膽石症。

（5）暴飲暴食後，突然發生上腹劇烈疼痛，或疼痛呈束帶狀向左側背部放射，並伴有噁心、嘔吐或發熱時，多是急性胰臟炎的表現。

（6）進食冷飲後，出現腹瀉、腹痛，為身體對冷過敏的表徵，有胃腸功能紊亂反應。吃冷飲後，表現多食、多尿、多飲的情形加重，並有疲乏無力症狀，常見於糖尿病症狀不典型患者；食欲旺盛，甚至亢進，越吃越想吃，食後口乾，飲水多，但體重減輕、消瘦，這是糖尿病特有的症狀。

（7）中老年食後上腹飽脹，食欲減退，有漸進性消瘦，要

警惕早期胃癌。

（8）食欲尚好，食後食物逆流，伴吞嚥困難，只能喝水和吃流食，有時連飲水也有困難，並逐漸消瘦，胸骨後和上腹部不適，繼而營養不良，體重明顯減輕等現象者，可能是食道癌或賁門痙攣。

Q 5.口腔乾燥、流口水等異常變化預示什麼病變？

A 答：口腔乾燥在女性和老年人中比較常見，它是多種慢性病的信號。

（1）乾燥綜合症。患者唾液減少，吞嚥乾的食物十分困難，舌及口角開裂疼痛，易生齲齒。半數左右患者腮腺腫大，部分患者有頜下腺或附近淋巴腺腫大的症狀，部分患者伴有關節疼痛，以肘、膝關節多見。嚴重者可致腎小管受損，造成心律失常等危險後果。乾燥綜合症患者眼內還常有異物感、燒灼感，且鼻結痂。

（2）糖尿病。口乾是糖尿病的早期信號。糖尿病病人常有口乾、口渴症狀。

（3）甲狀腺機能亢進。甲狀腺機能亢進臨床症狀為口乾多汗、怕熱、皮膚濕潤且溫度高、甲狀腺腫大、突眼等。

（4）睡覺流口水。可能是神經調節障礙所致，也提醒你小心牙周病，要去看牙醫了！

Q 6.口腔顏色、色斑異常預示什麼病變？

A 答：（1）正常口腔黏膜呈粉紅色，如出現藍黑色色素沉澱

斑片，多為腎上腺功能減退，如果出現出血點或瘀斑，則有可能是維生素C缺乏。

（2）白斑。是一種常見的口腔黏膜白斑病變（「白斑」用棉簽是擦不掉的，這可與鵝口瘡相鑑別），多發生在男性老年人口腔黏膜的不同部位，但多見於頰黏膜，唇、顎、舌黏膜也可發生。白斑如出現硬結、突起、潰瘍，是癌變的徵兆。

（3）紅斑。是一種口腔黏膜的紅色病變，紅斑多發生於舌緣、舌腹及口底，除了一類夾雜在白斑間的紅斑，呈不規則突起，常伴輕微疼痛外，其餘紅斑均無明顯疼痛，與灼傷、擦傷等黏膜性炎症不同。其發生率較白斑低，紅斑癌變率為白斑的17倍。

（4）黑斑。是一種口腔黏膜上的色素沉澱，呈黑色或棕色斑，青藍、灰藍色斑，較小，形狀不規則，邊界清楚，在惡變轉為黑色素瘤時，黑斑會增大，邊界模糊，色素加深，有時甚至發生出血及衛星結節等。無自覺症狀，多見於顎面、齒槽脊及頰黏膜等部。口腔中的痣和惡性黑色素瘤都較少見，但一旦發生則死亡率極高，因此，口腔中任何部分發現有黑色病灶，就應盡速予以切除。

Q 7.口腔潰瘍等表徵異常可能是什麼病變？

A答：（1）口腔潰瘍。舌尖部、嘴唇部的白色點狀或塊狀潰瘍不容忽視。當潰瘍發展到出血、頸部淋巴腺腫大、發音不清晰時，有可能轉化為口腔癌。口腔潰瘍久潰不癒（存在2週或更久的不明原因潰瘍）、疼痛及周圍硬結，有時淋巴腺腫大、變硬，可能是口腔癌病變。

（2）吞嚥困難。體態肥胖伴有吞嚥困難、劍突下灼燒感等多是逆流性食道炎的前兆。此外，吞嚥困難也是食道癌的臨床表現。

（3）口腔表徵異常。長年患慢性肝炎的患者的口唇、口腔內頰部黏膜失去了往日的鮮豔，表現為色澤灰暗，很可能表明肝硬化在逼近；口腔原無齲齒或齲齒輕微，突然出現並（或）迅速發展，也是肝病發展的徵兆；出現牙周病、牙槽溢膿，雖經反覆治療不見好轉，並逐漸加重者，也意味著肝病在進展。由於肝硬化引起維生素B群明顯不足，也可引發舌炎、舌萎縮、牙齦出血、口臭、腮腺腫大等口腔異常病變。不論屬於哪一種類型肝病，一旦口腔出現這些變化，要警惕這可能是肝硬化的前兆。

Q 8.牙齒異常徵兆預示什麼病變？

A答：（1）牙齦感染。可危害全身。①心臟病和中風。牙齦感染增加了心臟病和中風的發作風險，而且這種風險會隨著牙齦感染程度同步提高。②早產嬰兒。患有中度至重度牙周病的孕婦產下早產嬰兒的可能性要比一般孕婦高出2倍，嬰兒出現體重過輕等缺陷的機率也較大。③胰臟癌。牙周病增加罹患胰臟癌風險。④關節炎。齲齒、牙周病等病灶內聚集著毒性較強的溶血型鏈球菌、金黃色葡萄球菌等，當人體抵抗力降低時，這些細菌就會乘虛而入，隨著血液擴散，引起如關節炎、腎炎、神經痛、心內膜炎。其他如感冒、虹膜炎、神經炎、多形紅斑等也均與牙病有著「千絲萬縷」的關係。⑤胃病。胃與口腔直接相通。口腔病灶如牙周病、牙周膿腫等的分泌液中有大量幽門螺旋桿菌，這些桿菌隨唾液及食物進入胃內，當機體抵抗力低下時，就會引發胃

炎、胃潰瘍，直至胃癌；牙病不治，對食物的初步咀嚼分解不完全，久之影響胃的消化功能。⑥高血壓。牙齒對血壓，特別是舒張壓的調節有著微妙的關係，牙齒一旦殘缺不全，就會引起血壓升高。

（2）牙菌斑。可引發全身疾病。牙菌斑是黏附在牙齒表面的一種生物膜。牙菌斑可透過三條途徑引發全身疾病：①直接進入鄰近組織或器官。牙菌斑是幽門螺桿菌的貯存庫，與消化道直接相通，容易進入胃部，並引發慢性胃炎、胃潰瘍等。②細菌進入血液循環引發菌血症。在拔牙、根管治療、牙周手術和根面刮治等操作當天，牙周疾病所帶的病菌可能從感染部位達到心臟、肺部及周圍微血管系統，並引發短暫菌血症。③細菌代謝產物擴散引起全身疾病。牙菌斑為細菌的生存和代謝活動提供了一個適宜的微環境，細菌代謝的毒性產物可成為全身疾病的病原因子，可直接刺激和破壞機體組織，也可引起組織局部免疫反應，造成組織損傷。

（3）牙痛。牙痛往往伴有不同程度的牙齦腫痛。7～8歲的兒童，因乳牙開始脫落，加上不良衛生習慣如吃零食、臨睡前進食，甚至含糖或食物睡覺等，最易出現本病。臨床常見患齒疼痛且每遇冷、熱、酸、甜等刺激而加重，常伴心煩不寧、神疲倦怠、懶言、食欲欠佳等；冠心病的發病症狀多種多樣，牙痛就是其中的一個方面；心血管疾病患者的症狀也包括牙疼、咳嗽等。

（4）牙齒畸形。牙齒與舌頭長期不「和睦」，經常碰碰撞撞，可以在長期接觸磨損中使舌頭的局部形成慢性病灶。如果因牙齒畸形而常使舌頭受害，則要到醫院口腔科對畸形牙齒進行矯正處理，尤其是對那些向舌側傾斜或向舌側突出的牙齒，應及早糾正。

（5）老年人掉牙。預示衰老加速，老人牙衰與心律不整有關。肥胖且有糖尿病家族史的老年人，牙齒掉後最好去查查血糖。糖尿病患者常伴有牙齦炎、牙周病等慢性破壞性病變，常常影響牙齒的穩固性，造成牙齒鬆動，進而誘發牙周感染，嚴重者則引起牙齒脫落。

（6）成人磨牙。人在入睡後磨牙叫作磨牙症。①高度興奮、性格內向、壓抑，特別是情緒不穩定、易緊張等心理問題是成人磨牙症發病的首要因素；②身體內有寄生蟲；③牙頜因素如牙頜畸形、牙齒缺損或過長、單側咀嚼等；④其他因素如血壓波動、缺鈣、胃腸功能紊亂、遺傳因素等。偶爾磨牙對健康影響很小，但長期磨牙，或每次入睡後磨牙時間太長，可導致心理及生理上的障礙。因此，有磨牙症的成年人應積極就醫，不可馬虎對待。

Q 9.舌質異常徵兆預示什麼病變？

A 答：內臟患病舌先知。舌是人體曝露在外部唯一的內臟組織，疾病發展過程中，舌的變化迅速明顯，猶如內臟的一面鏡子，因此舌診常作為重要依據。

檢查舌質主要看舌尖和舌兩邊的顏色，正常人的舌苔呈淡紅色、濕潤、柔軟靈活；患病時，因血液成分或循環狀態的改變，舌質的色澤也會有所改變。

（1）舌質淡白。身體虛弱的徵兆。舌淡白乃是血量減少、血紅蛋白降低、有貧血、營養不良、氣虛和慢性疾病的傾向，代謝率降低，並且同時伴有容易疲勞、站立時出現暈眩、心慌等症狀。另外，當體溫過低時，比如寒冷，造成血液循環不良，也會

使舌頭泛白。

（2）舌質紅色。若舌邊發紅，除了正常發熱的情形下，多見於高血壓或甲狀腺機能亢進患者。舌尖發紅，表示心火旺盛，大半為失眠勞累，消耗過多及體內缺乏營養和維生素所致。紅色的舌頭，沒有舌苔，表示脫水；而胃功能異常亢進而引發胃部發炎時，則會在嘴角冒出痘痘、舌頭發紅等；鮮豔的紅色舌頭表明身體的某個部位在發炎；若是舌頭整個看起來非常的紅，則表示體內積熱過多，而水分不足的狀態，往往伴隨著頭痛或全身發熱的症狀；舌質深紅，又稱「絳舌」，常見於高熱症或化膿感染，如腦炎、腹腔膿腫；當患者高熱不退、舌質由紅轉絳、神志不安時，要提防敗血症的發生；舌質暗紅或有瘀斑，表明氣血不足，可能有心腦血管方面的疾病，老年人更需要考慮是否血黏度高或血脂高。

（3）舌質青紫。舌頭發青發紫，是體內淤血或血流滯緩的特殊信號。青紫舌，多見於肺部疾病、慢性支氣管炎、充血性心衰竭及肝硬化等疾病，尤其在舌兩側邊緣出現的青紫色條或形狀不規則的黑斑，甚至是癌症的徵兆。此外，許多胃腸病和婦科疾病，也會出現青紫舌，少女舌尖或舌側呈現分散的青紫色瘀斑或瘀點，為患有月經失調、子宮功能性出血或經痛等疾病表徵。

Q 10.舌苔異常徵兆預示什麼病變？

A答：（1）白苔。即舌面上形成一層白苔。其發生與病毒感染、特異性免疫反應增強有關。白苔多見於輕病或初病，預後良好如呼吸道感染等。舌紫而苔白厚膩，多見於嗜酒者。

（2）黃苔。為體內有熱證。感冒見此舌苔，可伴有口乾、

喉痛、咳嗽及黃痰等，中醫稱為風熱型感冒。其他如大葉性肺炎、支氣管肺炎、肺心病、尿道感染等疾病。黃苔深淺與炎症輕重成正比。有厚厚黃苔，多半為淺表性胃炎，或胃潰瘍復發的徵兆。舌苔黃而厚，表明體內可能有濕熱，或者消化道和呼吸道有炎症，如果咳嗽還表明肺部可能有炎症；舌苔厚膩的人可能體內有寒濕。陰虛患者以及有慢性消耗性疾病的，比如腫瘤、結核病患者，可能表現為沒有舌苔。

（3）灰黑苔。黑苔較灰苔嚴重，從黃苔發展而來。因治病需要應用大量多種類抗生素，一些具抗藥性的黴菌大量生長，由於黴菌大都會產生各種顏色，因而就可在舌頭上出現從棕色到黑色的各種苔色，停用抗生素後可以自然恢復。有些長期發熱的人，可出現焦黑苔。有一些慢性病，例如尿毒症、惡性腫瘤等，在病情惡化時也會出現黑苔。近乎灰色的紫色舌頭表明血液循環不好。當精神處於高度緊張的狀態時，也會出現黑苔。此外，某些慢性病人出現腎虧症狀（如腰膝痠軟、頭暈、耳鳴、性功能低下）時，有時也可見到黑苔，經過治療，腎虧好轉，黑苔會自然消失。

（4）舌苔肥厚。最常見的舌苔厚膩症狀是「食積內停」，即整個消化系統功能的減退，一般多見於吃大魚大肉、辛甘厚味的人，此時，最好吃點開胃健脾、助消化的藥物；另一種多見於脾胃弱的小孩、老人、久病或是大病初癒的患者。舌苔厚的人可能是患有消化系統和呼吸系統疾病。

Q 11.舌痛、舌形異常徵兆等預示什麼病變？

A 答：（1）舌頭疼痛。為可能患有口腔炎症和潰瘍的表徵。

如果老年人舌頭發麻，應考慮氣血不足、血黏度過高。不明舌痛可能是腦血栓先兆，應及時到醫院做口腔和全身檢查，以便明確病因，及時治療，防止腦血栓形成。

（2）看舌形態。舌體強硬，活動受限，表明有痰濁阻滯，多見於腦炎後遺症；舌抖動伸縮，多見於腦發育不全；舌體歪斜為風邪侵犯脈絡，多見腦血管意外；舌常外伸，久不回縮，多見於甲狀腺功能低下引起的呆小症；舌反覆伸出舔唇，旋即回縮，稱為弄舌，常見於先天愚型。

Q 12.嘴唇異常徵兆預示什麼病變？

A 答：（1）口唇乾燥。舌舔上唇習慣者，一般有好酒傾向，而常舔下唇者，大多嗜吃甜食。常舌舔嘴唇的人，易造成口唇發乾，甚至唇裂；日常生活中大量飲酒、習慣蒙頭睡覺、氣候乾燥，以及水分、水果、蔬菜攝取不足，都可引起口唇乾燥；唇炎、慢性胃炎、缺乏維生素B或肺炎、傷寒等發熱性疾病，都會口乾；當腸胃功能減緩時，容易出現口臭、口腔乾燥的情況，同時臉色偏黃。

（2）口角炎。口角處發生糜爛，並有紅斑、水腫、滲液、皸裂、脫屑等，口角處可見向外輻射狀的皺紋，多為雙側口角同時發生，也有個別發生於單側的。常見於慢性胃病。初生兒口唇潰爛要注意是否得了遺傳性梅毒。

（3）唇舌麻木。嘴唇感覺麻木，飲量減少，身體日漸消瘦，是胰臟功能在逐步衰退的信號。由於胃和胰臟是「兄弟」關係，胰臟狀況不好，胃也受到影響。當胃受到損害時，嘴唇就會明顯地變得乾燥皸裂、麻木無味。

（4）口唇顏色異常。①嘴唇蒼白。若雙唇淡白，或上唇內黏膜淡於舌色，甚者唇的邊緣形成一條白邊，常見於貧血和失血症。若為上唇蒼白，多見於大腸病，臨床伴有腹脹、腹瀉、腹痛等症。下唇蒼白者，則以胃病居多，常有胃痛、上吐下瀉、胃部發冷等症狀。②唇色過紅。唇色深紅，火紅如赤，常見於發熱、肺心病伴心力衰竭者。唇色如櫻桃紅者，常見於瓦斯中毒。③嘴唇微黃。為心臟衰弱表徵，注意戒菸。④嘴唇呈紫色。是肺炎、肺心病伴心力衰竭及哮喘發作的表徵，也普遍發生於血管性疾病患者，如中風、肺心病、血管栓塞等危急之症。⑤嘴唇呈黑色。多為消化系統有病，時見便祕、腹瀉、下腹脹痛、頭痛、失眠、食欲不振等；若唇上出現黑色斑塊，口唇邊黑色素沉澱者，是腎臟機能不全所引起的愛迪生氏病，患者易出現疲倦、厭食、噁心、嘔吐等症狀。若在唇部、口角特別是下唇及口腔黏膜上有褐色、黑色斑點，有時很密集，沒有不適的感覺，則可能是胃腸道發生多發性息肉。此外，嘴唇呈黑色的人可能肝臟患病。⑥小兒嘴唇發青要注意是否為先天性心臟病。如果孩子出現玩一會兒嘴唇就開始發青的情況，最好帶孩子到醫院檢查一下心臟發育情況，因為發紺是先天性心臟病最主要的症狀。

（5）口唇外觀變化。初生嬰兒嘴唇潰爛則要懷疑是否得了遺傳性梅毒；幼兒口角抽動，多由熱病引起，常見於小兒慢性驚風。口唇歪斜，常為腦溢血、腦栓塞的警訊，如伴有劇烈難忍的頭痛、眼斜視和眼球運動異常等症時，要防範中風。

Q 13.淋巴腺腫大預示什麼病變？

A 答：淋巴腺遍布全身，並以幾大淋巴腺鏈而聞名：頸部淋巴

鏈、腋窩淋巴鏈、腹股溝淋巴鏈、縱膈和腹腔淋巴鏈等。淋巴腺腫大可分為疼痛性及無疼痛性兩種。疼痛性腫大多見於急性化膿性感染時，感染處得到正確處理後即可消除。引起無痛性腫大的疾病往往較頑固且難以發現，危害較大。

（1）細菌感染。如口腔、面部等處的急性炎症，常引起下頜淋巴腺的腫大，腫大的淋巴腺質地較軟、活動度好，一般可隨炎症的消失而逐漸恢復正常。

（2）病毒感染。麻疹、傳染性單核細胞增多症等都可引起淋巴腺腫大。有時淋巴腺腫大具有重要的診斷價值，如風疹，常引起枕後淋巴腺腫大。

（3）淋巴腺結核。以頸部淋巴腺腫大為多見，有的會破潰，有的不破潰，有時與淋巴瘤難於鑑別，需到醫院找醫生確診。

（4）淋巴腺轉移癌。這種淋巴腺很硬，無壓痛、不活動，特別是胃癌、食道癌患者，可觸摸到鎖骨上的小淋巴腺腫大。乳癌患者要經常觸摸腋下淋巴腺，以判斷腫瘤是否轉移。

（5）白血病。該病的淋巴腺腫大是全身性的，但以頸部、腋下、腹股溝部最明顯，除淋巴腺腫大外，病人還有貧血、持續發熱，血液、骨髓中會出現大量幼稚細胞等表現。

（6）淋巴瘤。淋巴瘤是原發於淋巴腺或淋巴組織的腫瘤，淋巴腺腫大以頸部多見，同時有一些淋巴腺以外的病變，如扁桃腺、鼻咽部、胃腸道、脾臟等處的損害。

Q 14.視力變化預示什麼病變？

A 答：

（1）視力減退。眼睛經常發花、眼角乾澀，看東西忽然模糊不清，這可能是肝臟功能衰弱的先兆。血管栓塞波及眼動脈時，可致眼動脈供血不足，早期可出現視覺障礙，或感到眼前閃光，或一過性視力減退，尤其是當體位改變（如突然直立或抬頭）時更易發生。全身動脈粥狀硬化的患者，可出現不同程度的視力減退，或發生偏盲、視野改變，甚至失明。如一側視力逐漸減退，甚至失明，同時伴有嗅覺喪失，排除單純眼病，表示有腦腫瘤壓迫神經的可能。中老年人視力突然下降，除了可能缺乏維生素B_2外，要警惕糖尿病的可能。高血壓病程發展到一定程度時，可使眼底視網膜上的小動脈發生硬化、水腫、血流減少而出現視力下降，高眼壓病病人中約70%有此改變。此外，腎炎、白血病、貧血、心臟病、某些急性傳染病等，都可能引起視網膜血管的改變，造成眼底出血和玻璃體積血，導致視力下降。弱視對成年人來說，往往是精神病的早期信號，許多精神病病人目光呆滯，對周圍事物視而不見，甚至對危及生命的現象亦不察覺，這都與視力障礙有關。

（2）單眼短暫性失明。單眼短暫性視力模糊或突然失明，或喪失說話能力的症狀可短到30秒鐘，也可持續24小時，它預示頸動脈血管嚴重堵塞，易患腦中風。

（3）視力模糊。是青光眼的早期徵兆，也可能是顱內腫瘤，如眼前一過性模糊，短暫的語言、意識、動作障礙，雖然能很快自行恢復，但都是腦血管疾病的先兆。一般出現短暫性腦缺血後，半年內有25%機率會發生腦血管疾病。

（4）看見彩圈。失明先兆。若在看燈光時，發現燈光周圍出現彩圈，彩圈近看較小，遠看較大，紫色在內，紅色在外，預示可能患了閉角型青光眼。這是一種常見的、可以導致失明的眼病。

（5）白內障。是透明的晶狀體發生混濁所致，視力逐漸退化，眼前出現固定不動黑點，漸漸出現複視或單眼多視，最後只能辨別明暗，或僅剩下有光的感覺。老年人白內障出現視力好轉，不戴老花眼鏡能看清近距離細小東西，是因為白內障從初發期發展進入膨脹期（第二期）的表現。此外，膨脹期白內障把虹膜向前推，使前房變淺，前房角變窄，常會併發青光眼。

Q 15.視物異常預示什麼病變？

A答：視物異常是指有些眼病患者把物體的大小、多少、顏色、形狀看成異常的。

（1）飛蚊症。大部分人有時都會有這種感覺，特別是近視眼患者常見，無論是睜眼或閉眼，總感到好像有蚊子在眼內飛來飛去。這是由生理性退化引發的，原則上並沒有什麼傷害。常見於視網膜炎、高度近視、葡萄膜炎、眼底出血。倘若是「飛蚊」數量突然增多，就需去看眼科醫生。

（2）大視症。看任何東西比實際的要大得多，這往往是某些眼底病的恢復期或病變發展至晚期的症狀，如中心性網絡膜炎晚期、黃斑部病變結瘢前期。

（3）小視症。看東西變小，常見於黃斑部病變初期，如中心網絡膜炎水腫期，還可因調節機能衰退，或因中毒、癔病等所致。後退小視症，看東西時越看越向後移動，同時逐漸變小，常

見於癔病患者。前進小視症，與後退小視症相反，亦見於癔病患者。

（4）變視症。指看直物彎曲、中間斷缺或呈波浪形。主要由於視網膜呈水腫隆起或黃斑部有病，常見的有黃斑部炎變、視網膜剝離、視網膜下囊蟲、視網膜腫瘤或視網膜下出血等。

（5）多視症。把一物看成多物。常見於先天性多瞳症，一些不規則散光也有此表現。

（6）光視症（眼內閃光、冒金光）。指在眼內有黃色或白色光點閃耀。常見於眼底炎症或眼病晚期，如各種炎症所致失明前期、眼外傷失明前、各種青光眼近絕對期、高度近視眼底器質性改變者及視網膜剝離晚期。

（7）色視症。指把無色物品看成有色的。紅視症見於玻璃體內出血，多因眼外傷或眼底病伴出血者；黃視症常見於黃疸病；藍視症常見於無晶狀體眼及白內障術後；灰視症為貧血者偶見；多色視症常見於癔病患者。

（8）虹視症。指看圓燈泡的周圍有七色環，如雨後彩虹。但此種病重者只看見紅綠二色環。角膜水腫或角膜有水附著均可出現此症，病重者常見於青光眼，輕者見於急性結膜炎。

Q 16.鞏膜（眼白）異常預示什麼病變？

A答：正常鞏膜顏色為瓷白色，潔白光彩。少年時代的鞏膜呈藍白色，隨著年齡的增長，鞏膜可逐漸變為黃白色。

（1）白眼球充血發紅。常是由細菌、病毒感染或過敏等引起，有兩眼發紅、眼痛、發癢、流淚、異物感和黏稠分泌物等症狀。

（2）眼白部位因不明原因出現的異色或斑點。是內臟疾病的信號，如眼白部位常出現血片，就是動脈硬化的徵兆，特別是腦動脈硬化。若有嚴重失眠、心臟功能不全、癲癇發作或高血壓時，會出現眼結膜充血的現象。糖尿病患者由於微血管末梢擴張，也常於眼白部位出現小紅點，有些罹患腸梗阻的病人，眼白甚至出現綠點。

（3）眼白黃濁。隨年齡的增加而眼白變黃濁是正常老化現象之一，但如果眼白變成鮮黃色時，就要懷疑黃疸，常見於肝病及膽道疾病，懷孕時的妊娠中毒及溶血性疾病，也會出現黃疸。

（4）藍色鞏膜。由於鞏膜變薄而透見下面的葡萄膜的顏色所致。全部或部分鞏膜呈青藍色，視功能一般無大障礙，如果眼白出現藍白色，多是貧血，兒童及孕婦最容易出現。

Q 17.從黑眼球能看出什麼健康問題？

A答：蓋在瞳孔和虹膜上方的黑眼球，即透明的角膜部分，一般呈黑色，有光澤，其顏色變化常出現在黑眼球的周圍，隨著疾病種類不同，可見不同的色澤變化。

（1）黑眼球周圍出現紅色，初期為雙眼球呈現針尖大小的瘡，又有點狀白色混濁，伴有流淚、怕光、疼痛及視力不佳等症狀，一般以患虹膜炎或病毒性角膜炎居多；黑眼球周圍出現金綠色環或黃棕色帶，寬約1～3公釐，以角膜上行端較寬，此乃兒童的一種少見病症——肝豆狀核變性，主要是體內銅代謝功能障礙，應及時治療。

（2）如果一向血脂過高並且黑眼球出現白色環者，是腦動脈硬化症患者的高危險群。當患有腦溢血、腦栓塞或腦動脈硬化

時，大多患者黑眼球也會出現白色環。老年人黑眼球周圍出現白色環，多是衰老表現，也稱老化環。

（3）眼球外觀異常。①單眼突出，約50%係因顱內疾病所致，最常見的是腦腫瘤，如血管瘤、纖維瘤、肉瘤、神經膠質瘤及皮樣囊腫等。②雙眼突出，除少數因維生素B、維生素D缺乏引起輕度突出，大多見於甲狀腺機能亢進患者。此外，如高血壓、血友病、繼發性青光眼、高度近視以及帕金森病等，也常呈現眼球外突。③眼球凹陷，則普遍出現在營養不良或身體極度消瘦的人，也見於痢疾、霍亂、嚴重脫水及糖尿病等病人。

（4）內外偏斜引起的斜視。斜視會引起「複視」、「弱視」等眼疾，就偏斜的方向來說，若一眼正位，另一眼歪到內側，就叫內斜視，即「鬥雞眼」，一般為遠視所引起，素有高血壓的患者，若出現內斜時，即是腦溢血的前兆，其他如中風或鼻咽癌患者出現此症狀時應格外小心；相反，若一眼正位，一眼偏外側，則稱外斜視，一般與近視有關。糖尿病及一氧化碳中毒時，也會出現單眼或雙眼外斜，俗稱「脫窗」，又稱「白眼」。

（5）黑眼珠變小。不少中老年人的黑眼球和邊緣被一圈灰白色圓環所包圍，這被稱為老年環。老年環與動脈粥狀硬化有極為密切的關係，可能是心腦血管疾病的危險信號，一旦老年人出現老年環時，就應及時到醫院檢查，排除心腦血管疾病的可能，如果只是角膜老化引起的退化病變，可以不做任何治療。

Q 18.虹膜變異預示什麼病變？

A 答：虹膜是瞳孔周圍含有色素的環形薄膜，由不隨意肌肉組成，其主要功能是調節瞳孔的大小。人類虹膜的顏色不盡相同，

黑色素決定虹膜與角膜的色調，隨著地球緯度的提高，相對的，黑色素的量也就跟著減少，如黃種人的虹膜多為棕色，白種人因黑色素較少，其微粒子就會不規則地反射光線，使眼睛成為天空般的淡藍色。

虹膜是中樞神經的一部分，佈滿了各種器官的感受體，可作為內臟疾病的觀測站。虹膜的側面區域代表肺，上方代表心，下方代表肝，而圍繞瞳孔四周的圓環則代表胃和腸，如果這一區域出現凹點，提示有消化道潰瘍；當幼兒虹膜上出現褐色斑點與白眼球上的褐色斑相似時，多半是腸有蛔蟲；虹膜出現亮點，表示腦神經出了問題；若是虹膜上出現許多不同顏色的分散小點，是風濕病的表徵。

左眼虹膜反映右半身情況，右眼虹膜反映左半身情況。若左、右兩眼虹膜都出現異常變化，即是人體兩側或中間部位出現了病變，如胃腸有病時在左、右兩眼的瞳孔周圍會出現環狀斑；肺臟有病時往往會在左、右眼虹膜的兩側出現凹點。

Q 19.瞳孔異常預示什麼病變？

A答：瞳孔是虹膜中央的孔洞，也是光線進入眼內的通道。瞳孔大小也受情緒影響，感興趣時，不管是興奮或恐懼，瞳孔會擴大；看到不悅或厭惡的事物，瞳孔會縮小。在正常室內，瞳孔若小於1.5公釐或大於5公釐，邊緣不規則及對光反應遲鈍等，都屬於病理表現，我們可以根據瞳孔變化的特徵，看出一個人的健康狀況。

（1）瞳孔縮小。常見於中毒症，包括農藥中毒、有機磷中毒、嗎啡中毒、酒精中毒、安眠藥中毒等，老年人罹患腦瘤及腦

出血，也會出現瞳孔縮小，糖尿病患者瞳孔的舒縮功能因自主神經調節受損影響，瞳孔較正常人小許多。

（2）瞳孔放大。多半是病危的警訊，是判定人死亡與否的重要依據，其他如腦栓塞、腦出血、化膿性腦膜炎、顱腦挫傷等，也會出現不同程度的瞳孔放大，有些患者因腦血栓、腦溢血或腦腫瘤，還會出現兩側瞳孔大小不同的現象。

（3）瞳孔外形改變。患有脊髓結核、腦脊髓梅毒的病人，除左右瞳孔大小差異明顯，會出現此情形，此時應盡速去醫院檢查治療。

Q 20.有色眼睛預示什麼病變？

A答：（1）瞳孔發出青綠色反光。正常眼球內具有一定的壓力，以維持眼球內循環和代謝的正常。當眼壓過高時（大於20毫米汞柱），導致視神經受損，視野範圍縮小，眼內組織病理性改變，使得瞳孔發出一種青綠色的反光，稱為青光眼。

（2）瞳孔變紅。多見於眼外傷或眼內出血等疾患，如白血病、再生障礙性貧血等，依照眼內出血的多寡，可有不同的形態，視力也有不同程度之損害。

（3）瞳孔變白。多見於白內障、眼外傷、高度近視、虹膜睫狀體炎、眼葡萄膜炎、長期照射紫外線或全身性疾病，如糖尿病、手足抽搐等併發症，其中又以老年性白內障最為常見。

（4）瞳孔變黃。以手電筒照射瞳孔時，眼底深處若發出一種像夜間貓眼般的黃光反射，多半是視網膜細胞瘤的表徵。此病多見於8歲以下的兒童，由於惡性程度頗高，若不及時治療（做眼球摘除術），當癌細胞蔓延到眼球外其他臟器時，會危及生命。

Q 21.眼袋明顯預示什麼病變？

A答：眼袋是人體脂肪代謝功能障礙的表現。眼袋明顯的人大多患有家族性高血脂病，其中51%的人同時存在動脈粥狀硬化症。

由於老年人代謝功能減退，脂肪易堆積在下眼瞼，加之下眼瞼肌肉張力減弱，皮膚鬆弛和缺乏彈性而下垂形成袋狀，故名眼袋。凡有眼袋的人應當去醫院檢查，包括心臟聽診、測量血壓、查心電圖、檢測血脂等一系列檢驗項目，及早發現可能存在高血脂、動脈硬化、高血壓、冠心病等情況，及時對症治療，控制病情。

Q 22.眼皮表徵異常預示什麼病變？

A答：（1）眼皮下垂。先天性上瞼下垂以單眼發病為多，只要長大後行手術矯正即可。後天性的往往由疾病所致，如重症肌無力、精神憂鬱症、一些腦血管病變及維生素B_1缺乏症等。許多老年人眼皮下垂常常與許多疾病有關，特別是突然出現一隻眼耷拉眼皮，則很可能與糖尿病有關。眼皮下垂，還可能是中風前兆。

（2）眼皮腫脹。眼皮浮腫有生理性和病理性兩種。生理性多發生於健康人，一般是晚上睡眠枕頭過低，影響面部血液回流以及夜間睡眠不足或睡眠時間過長。病理性眼皮腫脹是由眼皮局部疾病或全身性疾病引起，眼皮局部疾病有眼皮急性炎症、結膜炎、角膜炎等，全身性疾病主要有急、慢性腎臟疾病、心臟病、甲狀腺功能低下、貧血等。眼皮腫脹伴有紅腫熱疼局部症狀的，

多屬於眼皮局部炎症；眼皮腫脹不伴有紅腫熱疼症狀，且連續幾天不消退，多為全身性疾病引起。

腎臟性眼皮水腫表現為早晨醒後眼皮腫脹明顯；心因性眼皮水腫則在晚上最為明顯；如從早到晚眼皮腫脹無明顯變化，而且面容呆滯無光，很可能是甲狀腺功能低下。

（3）眼瞼上出現贅生物。一是良性腫瘤，常見的有眼瞼血管瘤、黑痣、黃色瘤、表皮樣和皮樣囊腫、眼瞼乳頭狀瘤；二是惡性腫瘤，如眼瞼惡性黑色素瘤、眼瞼基底細胞癌、鱗狀細胞癌、瞼板腺癌。瞼板腺癌多見於老年人，老年人如發現硬質的霰粒腫應警惕。良性腫瘤中的眼瞼乳頭狀瘤部分會發生惡變。

（4）眼瞼皮膚病。有病毒性、細菌性與過敏性三種。病毒性感染常見有眼瞼帶狀疱疹、熱性疱疹、眼瞼牛痘等。細菌性感染有丹毒、膿疱瘡、眼瞼蜂窩性組織炎等。過敏性疾病常見於藥物過敏，眼藥水過敏，化妝品、染料、油漆、接觸、昆蟲叮咬、食物等也可引發該病。

Q 23.眼圈發黑預示什麼病變？

A 答：（1）血管性黑眼圈。眼周圍血液循環不良及局部靜脈曲張，是造成黑眼圈較常見的原因。孩童時黑眼圈常與過敏、遺傳及體質有密切的關聯，一般隨著年齡的增長，眼底黑紋出現，就不易消失。

（2）長期眼周發黑，可能與慢性消耗性疾病、內分泌與代謝異常、心血管病變、微血管循環障礙以及腎上腺皮質機能紊亂等病理因素有關。

（3）從內眼角向下方約呈45°的棕褐色或淺灰黑色月彎形條

狀的黑眼圈，多因患嚴重失眠、貧血或某些婦女病，如月經不調、功能性子宮出血及性生活不節制等，色澤會因病情加重而明顯。

（4）眼周充血、眼周發黑。是動脈硬化、更年期、大病之後體質較差造成的。

（5）色素性黑眼圈。有些女性使用含重金屬（如銀、汞）或具有光過敏物質的化妝品、保養品，經長期塗抹或日照之後，也會於眼眶周圍出現色素沉澱，形成色素性黑眼圈。

（6）營養性黑眼圈。由於血液污濁引起的黑眼圈與營養有關，故需注意營養攝取之均衡，澱粉、蛋白質等消化後易產生碳酸氣及酸性物質，食用此類食物時應同時吃些中和酸性的物質，如水果、牛奶及各種蔬菜，能使血液成為健康的弱鹼性，可幫助去除黑眼圈。

Q 24.眉毛表徵異常預示什麼病變？

A 答：眉毛是保護眼睛的屏障，它能擋住飛揚的塵土，使眼睛不受雨水或汗水的侵蝕。眉毛是人類特有的生理構造。

正常的頭髮可長6年，眉毛則3～5個月便會脫落更新，異常的眉毛大半是因毛囊受損而無法再生所致，其原因與某些疾病有密切的關係。

（1）眉的濃密與氣血循環關係密切。眉濃粗黑者，氣血旺盛、身強體壯；眉疏易落者，則氣血衰弱、體弱多病，且常會手足冰冷。因此，若發現眉毛稀疏或脫落時，首先必須找出誘發原因，並到醫院對症治療。

（2）眉毛表徵異常臨床上常見的原因有內分泌失調、腫瘤

及皮膚病等,如眉毛脫落或過於稀疏(以眉毛外側1/3居多),常見於黏液性水腫、腦垂體前葉功能和甲狀腺功能減退;眉部皮膚特別肥厚,眉毛稀疏脫落,則要警覺患有麻風病的可能;脂溢性皮炎患者的眉毛不但稀疏纖細,甚至僅剩毛根。

(3)眉直而毫毛上翹,多為膀胱疾病的徵兆;眉毛末梢直且乾燥者,在男性大半患有神經系統疾病,在女性則會出現月經失調。

(4)服用某些抗癌或抗代謝藥物會導致眉毛脫落。腦垂體前葉功能衰退、西蒙病、梅毒、惡性腫瘤及嚴重貧血等嚴重疾病,均會引起不同程度的眉毛脫落。

(5)經常拔眉容易造成皮膚毛囊發炎或蜂窩性組織炎等,並會刺激眉毛周圍的血管、神經,造成眼輪匝肌的運動失調,引起視力模糊和複視現象。

Q 25.兩眼間的距離長短預示什麼病變?

A 答:根據兩眼間的距離長短,可判斷相應器官的疾病。

(1)腎臟型。臉孔狹長、兩眼及瞳孔的距離特別大者,易患腎臟病,又因腎臟萎縮或動脈硬化,會造成血管狹窄,引起「腎性高血壓」。由於對腦部影響頗大,所以這種人常為失眠、頭暈、健忘等症狀所苦。

(2)膽囊型。臉龐大且呈圓形、瞳孔間隔較小者,一般體格肥胖、經常紅光滿面,當臉色帶有黑色則易患膽結石,若呈蒼白,則表示腎臟系統有障礙。

(3)結核型。臉孔狹長、下顎消瘦、兩眼距離較小者,易受結核菌侵犯,呼吸道較弱,所以易患肺結核。

（4）貧血型。臉部下方寬大、下巴呈銳角、兩瞳孔間隔非常大者，貧血，臉色蒼白，身體有些部位還長出斑點。

Q 26.耳朵表徵異常預示什麼病變？

A答：中醫認為耳朵像倒置胎兒，五臟六腑、四肢百骸都能透過耳朵呈現出來。20世紀50年代法國諾吉爾提出「倒置胎兒」的耳診理論，認為耳郭就像一個頭朝下、臀向上倒置蜷縮在母體子宮內胎兒的縮形，人體各組織器官的病理在耳郭上都有其相應的部位，其中內臟疾病的反映點，大多集中出現在腦神經支配的耳胛區內；而肢體疾患，則會在被神經支配的耳郭周圍出現。

（1）聽力下降、耳鳴。耳朵裡有嗡嗡聲和叮咚聲，這預示可能患有中耳炎；耳內有叩擊聲，這往往是高血壓病的最初徵兆；糖尿病、食物過敏反應和循環障礙也能引起耳鳴。慢性腎炎的患者也常伴有高血壓或貧血，可引起耳鳴和聽力減退。耳朵嗡嗡作響，聲音聽不太清，這可能是腎功能在逐步衰弱的信號，有時還會伴隨著腳痛、尿頻等症狀。

（2）耳垂出現皺紋。是患心臟病預兆。

（3）耳色的變化。如耳朵肉薄且血管像網一樣透明浮現者，常患呼吸器官疾病；耳垂肉薄且呈咖啡或黑色的人，易患糖尿病或腎臟病；若耳垂受寒常變為紫紅色，並因腫脹而潰瘍，且易生痂皮者，乃體內糖過剩，為糖尿病的警訊；幼兒耳朵發涼、耳背有紅絡，即為出麻疹的先兆。耳面皮膚血管充盈明顯者，要防止高血壓、冠心病、心肌梗塞以及支氣管擴張等疾病的發生。

（4）陽性反應。是在耳郭特定位置上表現出變色、變形、脫屑、壓痛等系列反應。①變色。耳郭變色包括白色、紅色或暗

紅色等反應，出現白色線條、圓形或半圓形及灰色瘢痕，多見於各種手術後和外傷瘢痕；紅色反應常見於急性病症；暗紅反應則見於慢性疾病。②變形。多見於慢性器質性疾病，如點狀凹陷凸起、結節狀、索狀、鏈球狀或形成皺褶、結節狀隆起或點，多見於腫瘤；白色結節見於慢性呼吸道疾病；結節狀較大可見於尿酸沉積造成的痛風石。耳垂上有皺褶則以心臟血管的疾病居多。③脫屑。耳郭皮膚上產生白色片狀的糠皮樣脫屑，擦之不易除去，可與濕疹同時合併出現，常見於各種皮膚病或吸收代償功能障礙等疾患。④壓痛。壓痛點敏感稱壓痛點陽性。肝區出現壓痛點陽性時，可能有肝病；腎區出現壓痛點陽性時，可能是腎病、腰痛或耳鳴；肺區出現壓痛點陽性時，則有肺病、大腸病或皮膚病的可能。

Q 27.自發性鼻出血預示什麼病變？

A 答：自發性鼻出血是鼻黏膜小血管磨損造成，但自發性鼻出血是鼻出血各種疾病的警訊。

（1）可能是全身性疾病，如血液病，由於血液中凝血因子欠缺，血液成分改變所以出現自發性鼻出血，常見於血友病、白血病、紫斑症、嚴重貧血、血小板減少症以及帕金森症等，這些病症不僅會鼻出血，甚至可能在全身各部位造成出血。

（2）循環系統的疾病，依發生順序為高血壓、心臟病、動脈硬化、狹心症、風濕性心臟病等，易使血管破裂，常造成鼻出血。

（3）肝硬化、肝功能不佳、腎臟病併發尿毒症及呼吸系統方面疾病如氣喘、肺氣腫、支氣管擴張等，也都是鼻出血的相關

因素。

（4）傳染性疾病，如感冒、麻疹、傷寒、肺炎等，伴高熱時，因鼻黏膜小血管有腫脹現象，也常見鼻出血。

Q 28.鼻子表徵異常預示什麼病變？

A答：（1）如果鼻子很硬，可能是動脈硬化、膽固醇太高、心臟脂肪累積多。

（2）如果鼻子發生腫塊現象，象徵著胰臟和腎臟有毛病；假若鼻子尖發腫，便表示心臟可能也發腫或正在擴大。鼻尖呈紅色或紫色可能是血壓偏高，或食物中鹽和酒精攝取過多。

（3）鼻峰代表脾、胃、胰狀況，如鼻峰處有斷裂狀的靜脈可見，說明身體內的血糖數值不穩定，應減少精細食物、糖、咖啡和酒精類食物，因它們會導致體內血糖數值的波動。

（4）鼻頭皮膚發紅並可見微血管網，可能是細菌、蟎蟲及毛囊蟲感染，並受辛辣食物、長期飲酒、外界刺激、情緒激動、緊張、內分泌障礙以及胃腸道功能失調等因素所影響。

（5）鼻頭發紅與心血管疾病有密切關聯，當高血壓或肝功能異常時，就會出現紅鼻頭；而在鼻梁出現紅色斑塊，且高出皮膚表面向兩側面頰擴散，則是系統性紅斑狼瘡徵兆；有些人於鼻尖、鼻翼部發紅，常伴有小丘疹或小膿瘡者，大半是尋常性痤瘡；鼻孔外緣發紅，則可能患有腸道疾病或是充血性炎症；鼻孔內緣發紅且鼻中隔潰瘍時，可能是梅毒。

（6）鼻子出現蒼白，為貧血表徵；鼻子皮色呈黑且昏暗時，大半為病情嚴重、衰竭病症的警訊；如果鼻子常有藍色或棕色時，就要當心胰臟及脾臟的毛病；若是鼻子常呈現黑色，很可

能患胃疾；如果鼻子上出現黑褐色斑塊，又非日曬所造成，則可能是黑熱病或肝功能障礙等。

Q 29.嗅覺變異預示什麼病變？

A答：（1）嗅覺越來越不靈敏了，是肺功能衰弱的標誌，如在患感冒等疾病時，平時很喜歡吃的某種食物香味消失了，就是因為肺部受到侵害的緣故。

（2）老年人味覺和嗅覺功能減退，消化功能減弱，平時吃東西就不香，可能是患了以食欲不振為主要表現的疾病，如肝炎、糖尿病、膽結石、高血壓等病。

Q 30.鼻子形狀異常預示什麼性格、病變？

A答：（1）鼻部運動與形態的改變。呼吸時鼻孔擴張和縮小，或鼻翼翕動，要防範小兒哮喘、心力衰竭、重症肺炎及大葉性肺炎等疾病發生。

（2）鼻子的特殊形態改變，主要是鼻中隔塌陷造成的鞍鼻，除可見於鼻面部外傷、鼻骨骨折導致的畸形外，大部分則以先天或後天梅毒最普遍。

（3）如果天生鼻子有彎曲形狀，可能有遺傳疾病；如果鼻子呈現異常的硬，為體內膽固醇太高、心臟脂肪累積過多的表徵，有動脈硬化的跡象；如果鼻尖發腫，表示心臟正在擴大；如果是鼻子發生腫塊，應警惕胰臟和腎臟可能出了問題；當鼻子出現黑頭面瘡，代表攝食的乳類和油性食物太多。

（4）鼻子的形態和癌症有密切關聯。鼻子扁平的人易患腦

癌和淋巴腺癌；鼻子尖挺的人易患肝癌和乳癌；鼻子大而肥的人易患胰臟癌和結腸癌；鉤鼻的人易患肺癌和喉癌。當然，上述分類並非絕對，且未必適合各人種，但是若能先行掌握，進而加以防範，那才是最正確的保健之道。

二、面部、皮膚、毛髮部分

Q 31.紅光滿面預示什麼病變？

A答：（1）肺結核。患肺結核時，由於人體對結核菌素的反應，引起面部血管擴張，出現面部潮紅，伴全身乏力、食慾不振、午後發熱、夜間盜汗、咳痰或咯血等。結核病患者，由於長期低熱，兩面顴部可呈緋紅色，又甲狀腺素分泌高峰多在午後，因此，結核病人，兩顴發紅多見於午後，此時甲狀腺和顴部皮膚血流量增大。

（2）風濕性心臟病。這類病人由於二尖瓣狹窄，回心血量受阻，肺部瘀血，在顴部常出現紫紅色，稱為「二尖瓣」面容，同時還伴有心悸、氣短、呼吸困難、咳嗽或咯血等現象。臉色潮紅，常常像嬰兒一樣紅撲撲的人，要注意心臟方面的健康狀況。

（3）高血壓。患此病時，由於頭面血管擴張充血，出現顏面發紅，同時伴有頭痛、面部發熱、耳鳴、眼花、心悸、失眠等症狀。中老年人面部發紅及伴有上述症狀者，更應警惕。

（4）流行性出血熱。患者由於全身微血管擴張，血管通透性增加，早期可表現為面部充血、顏面發紅，醫學上稱之為「醉酒面容」。

（5）曬後臉發紅要小心。如外部溫度太高，影響到體溫調節中樞，人體難以維持正常體溫。如果人體繼續得不到散熱和補

充，體溫就會持續升高，嚴重的造成大腦內部器官永久性損害。

（6）紅皮病人全身皮膚變紅且會有鱗屑脫落；若感染蕁麻疹，皮膚發癢且有形狀和大小不定的紅色扁平腫塊；若感染藥疹、風疹、中毒疹、猩紅熱等疾病，則會產生紅色小顆粒。發紅皮膚上長出一粒粒小疙瘩，而且會癢，則是感染汗疹；若感染急性濕疹或接觸性皮炎，也有同樣症狀，疙瘩最後變成水疱，手抓後容易糜爛，流出分泌物。

Q 32.臉色蒼白、皮膚白色預示什麼病變？

A答：（1）臉色蒼白、面容枯槁，皮膚及黏膜蒼白無血色，是多種疾病所致貧血的面部表現。由於微血管灌流不足，血紅蛋白量減少，除皮膚發白外，牙床、口唇及眼瞼結膜也會同時變白。其他如痔瘡、婦女月經過多、甲狀腺機能減退、慢性腎炎、出血性疾病，包括有些肺病患者，都會呈現臉色蒼白，但單純的皮膚蒼白，如寒冷刺激、長期不見陽光或工作在夜間，則不算是疾病。有些人因臉部血液循環受阻或劇烈疼痛，臉色會突然發白，甚至還出現冷汗、神志不清等症狀，表示身體微循環灌流急劇減少，以休克病人最常見，其他如低血壓、低血糖、醉酒、暈車暈船等情形亦可發生。

（2）臉色變白且發灰，預示有鉛中毒的可能，稱「中容」，也可能是長期室內工作或營養不良、白血病、寄生蟲病等。腸道寄生蟲病人可能臉部色素不均且有白點或白斑。

（3）白化病。遺傳導致的先天性色素異常，全身皮膚甚至毛髮、眼睛都失去色素。

（4）皮膚出現大小不等、形狀不一、邊界清楚的白色斑

片，是白斑症，俗稱白吊、白癜風。本症任何部位皆可發生，以臉、頸及手指最常見，少數合併有禿髮、糖尿病、惡性貧血或甲狀腺疾病。老年人軀幹、四肢皮膚上出現圓形、約蠶豆大、邊界明顯的脫色白斑，則屬皮膚退化性病變。

（5）白色糠疹，除出現白斑外，還出現細細鱗屑，俗稱白癬，是濕疹的一種。孩童臉上的白色斑點，有汗斑的可能，是一種真菌感染，成人汗斑多發於軀幹，孩童汗斑多發於臉部，常與白色糠疹混淆，需多留意。

Q 33.面容異常預示什麼病變？

A答：（1）顏面神經麻痺面容。中風引起中樞性面神經麻痺可出現該側鼻唇溝變淺，口角下垂、口角歪斜。面容改變常是中風的早期症狀，應高度警惕。若是周圍性顏面神經麻痺，還可出現面側額紋消失、上眼瞼下垂、不能皺眉等面部特徵。

（2）癡呆面容。口唇厚、舌大且常外伸、口常張開多流涎、面色蒼白或黃、鼻短且上翹、鼻梁塌陷、前額多皺紋的面容。

（3）甲狀腺機能亢進面容。面容消瘦，眼裂增寬，眼球突出，上眼瞼攣縮，兩眼看近物向內側聚合不良，有目光驚恐、興奮不安之表現。

（4）黏液性水腫面容。面色蒼白或蠟黃，眼瞼和頰部浮腫，表情淡漠、呆板，眉髮稀疏，是患甲狀腺機能減退症的體徵。

（5）腎病性浮腫面容。腎病早期表現為晨起後眼瞼腫脹，隨著腎功能的損害，可出現面色蒼白、浮腫及皮膚緊張、乾燥。

（6）滿月面容。側面不見鼻尖，頰部脂肪堆積，口角與頰部間出現深溝，皮膚發紅，常伴有痤瘡和粗黑毛鬚等，是庫欣綜合症典型面容。長期大劑量應用腎上腺皮質激素也出現滿月面容。

（7）二尖瓣狹窄面容。顴部紅潤，口唇發紺，是風濕性心臟病、二尖瓣狹窄患者的常見面容。

（8）傷寒面容。表情淡漠，反應遲鈍，少氣懶言，常見於腸傷寒、腦炎、腦脊髓膜炎等高熱毒的病人。

（9）苦笑面容。常見於破傷風患者。發作時，首先出現咀嚼肌緊張，然後發生疼痛性僵直，出現張口困難、牙關緊閉、面部表情收縮、蹙眉、口角縮向外下方等，形成苦笑面容。

Q 34.面部斑點、痤瘡預示什麼病變？

A答：（1）黃褐斑。亦稱肝斑、妊娠斑、日曬斑、蝴蝶斑、黧黑斑。是由於皮膚黑色素的增加而形成的一種常見面部呈褐色或黑色素沉澱性、損容性的皮膚病，主要多發於面頰和前額部位。一般來說，黃褐斑多與內分泌失調，特別是性激素失調有關，最常見於生殖活動期的女性。黃褐斑還與遺傳造成的黃褐斑體質有關，另外，精神緊張、憂鬱、睡眠不足、口服減肥藥、胃腸功能失調、大便乾燥、飲食結構紊亂、環境污染、二氧化碳濃度升高、各種肝膽疾病、甲狀腺功能失調、胰島素分泌失調、腎上腺素失調及使用某些含有鉛汞成分的化妝品等都易發生此病。許多中年女性，臉上突然生斑可能預示骨盆腔炎、乳腺炎、乳房小葉增生、子宮頸炎等婦科病變。

（2）女性面部色素斑點。髮際邊斑點與婦科疾病有關，如

雌激素不平衡、內分泌失調等。眼皮部斑點多見於妊娠與人工流產次數過多及雌激素不平衡者。太陽穴、眼尾部斑點與甲狀腺功能減弱、妊娠、更年期、神經質及心理受到強烈打擊等因素有關。鼻下斑點多見於卵巢疾患。眼周圍斑點多見於子宮疾患、流產過多及激素不平衡引起的情緒不穩定者。面頰部斑點多見於肝臟疾患，更年期者、腎上腺機能減弱者面部也有顯現。嘴巴周圍的斑疤常見於進食量過多者。下顎斑點常見於血液酸化、白帶過多等婦科疾患。額頭斑點多見於性激素、腎上腺皮質激素、卵巢激素異常者。

（3）痤瘡。俗稱粉刺，是青春期常見的生理現象。根據痤瘡發生的位置，可判斷身體的某一部分出現了問題。額頭生痤瘡，說明心火旺、血液循環有問題，可能是過於勞心傷神。如果長在鼻梁，代表脊椎骨可能出現問題。如果是長在鼻頭處，可能是胃火大、消化系統異常。若在鼻頭兩側，就可能跟卵巢機能或生殖系統有關。下巴生痤瘡，說明腎功能受損或內分泌系統失調。左邊臉頰生痤瘡，可能是肝功能不順暢；右邊臉頰生痤瘡，可能是肺部功能失常。患有消化系統功能不佳、胃痛、胃病，及偏食、不愛吃青菜及水果者，約有20%會長痤瘡，85%是長在嘴巴周圍。

Q 35.面部各部分異常表徵預示什麼病變？

A答：（1）前額，代表腸和膀胱的情況。生有斑點和過深的皺紋表明進食太多。

（2）面頰。代表肺部情況。如略呈綠色說明有患肺癌的危險；呈褐紅色是高血壓的徵象。

（3）兩眉之間，代表肝和膽囊的狀況。兩眉之間如有豎紋說明脂肪攝取量過大。

（4）下眼瞼，代表循環系統狀況。正常情況下應呈肉粉色，如下眼瞼呈白色，則是貧血的典型徵兆。

（5）嘴部，代表消化系統的情況。上嘴唇代表胃部，下嘴唇代表腸的狀況，下嘴唇腫脹說明有便祕症狀。

（6）耳朵，代表了腎的狀況。耳郭呈紅色或紫色說明循環不好。

（7）鼻峰，代表脾、胃、胰狀況。如鼻峰處有斷裂狀的靜脈可見，則說明身體內的血糖數值不穩定。

（8）鼻尖，代表了心臟的情況。鼻尖呈紅色或紫色可能是血壓偏高，或食物中鹽和酒精攝取過多。

Q 36.疾病臉譜有哪些？

A 答：中醫認為，五官與身體的五臟健康息息相關，五官氣色之好壞透露出人體健康的蛛絲馬跡。

（1）浮腫臉。是許多疾病的徵候，輕者，先從兩側眼瞼浮腫，隨著病情加重，可廣及臉部，甚至全身，以手按壓皮膚時，會呈現暫時性凹陷壓痕，本症常見於腎炎（急、慢性腎炎）、腎病綜合症及心臟病，其他如糖尿病、重度神經衰弱者，亦可發生。

（2）月亮臉。長期使用腎上腺皮質激素，即類固醇及皮質醇增多症（庫欣綜合症）的人，臉部如滿月，俗稱月亮臉，常伴發痤瘡、小鬍和皮膚發紅等現象。

（3）獅子臉。臉如獅子，皮膚結節狀增長，常見於瘤型麻

風及淋巴細胞性白血病。

（4）關公臉。可能患有高原病、肺因性心臟病或潛水病。由於長期慢性缺氧引起的血液中紅血球異常增加，可出現如酒醉般的「關公臉」，醫學上稱為真性紅血球增多症。

（5）傷寒臉。患者表情淡漠，反應遲鈍，有時會出現意識不清，多為腸傷寒、腦脊髓膜炎等高熱衰弱性疾病。

（6）恐怖臉。甲狀腺面容，常見於突眼性的甲狀腺機能亢進患者。由於兩眼外突，「目光炯炯」且咄咄逼人，頸部粗腫，而呈現出驚懼的特殊表情。

（7）面具臉。臉部表情呆滯，好像戴上面具一般，本症多見於腦炎、震顫性麻痺症患者。

（8）失神臉。多見於各種慢性消耗性疾病患者，如嚴重糖尿病、結核病及惡性腫瘤末期，病人眼窩內陷，目光無神，反應遲鈍，精神萎靡，且因營養不足，臉部消瘦、枯黃。

（9）痙攣臉。半側臉部肌肉陣發性不規則痙攣，有些患者會出現口角抽搐，或曼眼性痙攣，使整個臉部容貌變形，給人痛苦的感覺，常見於三叉神經痛、面肌痙攣症、面神經癱瘓後遺症及中樞神經障礙等患者。

（10）癱瘓臉。腦或面部神經功能障礙時，營養喪失，面肌運動不良，即會造成一側臉部表情動作完全喪失，前額皺紋消失，眼裂增廣或閉合不全，鼻唇溝平坦，口角下墜，且無法吹氣等。有上述徵兆時，即是腦血管中樞性面癱的警訊，所以一旦發現面癱或有麻木感時，務必及時就醫，更要提防腦溢血或腦栓塞之發生。

Q 37.笑容裡隱藏著什麼病？

A 答：笑是人類表達喜悅心情的方式，笑容有益健康，然而並不是所有的笑都意味著心情愉快，如苦笑、強笑、癡笑、傻笑等不正常的笑，常是疾病的特殊症狀。

（1）苦笑。多見於破傷風患者。這種笑並非發自病人內心，而是毀壞性的病態表現，是由於破傷風桿菌所分泌的痙攣性毒素首先侵犯到面部肌肉，使之發生緊張性收縮而造成的。苦笑的同時還伴有牙關緊閉、四肢僵直與角弓反張等症狀。

（2）強笑。常見於大腦變性和老年瀰漫性大腦動脈硬化等腦部器質性病變的患者。有些人頭部（顳部多見）受傷後即發生頭痛、嘔吐，伴隨突發的大笑不止，笑聲高亢，下頜抖動，但病人神志清醒，思維不亂，應答如常。

（3）傻笑。多見於腦動脈硬化精神病、老年癡呆和大腦發育不全等患者。由於智慧障礙的影響，病人雖然經常樂呵呵的，但面部表情卻給人呆傻的感覺。

（4）假笑。常見於隱匿性憂鬱症患者，其內心憂鬱，往往對人報以微笑，只有嘴在笑，面部表情並無快樂與激情。

（5）怪笑。多見於面部神經麻痺或癱瘓的病人。

（6）疾笑。多見於精神分裂症病人。

（7）狂笑。常見於歇斯底里症患者呈現的大笑或酗酒後引起的發酒瘋。

（8）陣發性大笑。多見於陣發性癲癇。①陣發性癡笑。有的人受到某種刺激，如馬達聲、別人的談話聲或看到電視螢幕上一些影像，雖並無可笑之處，但卻引起陣發性、無意識、不自主的大笑，常常每隔半小時發作一次，每次持續十幾秒鐘，隨後自

然停止。有的人在發作前表現出突如其來的驚恐樣，全身活動靜止，雙目凝視，意識模糊，顏面潮紅，旋即咯咯咯大笑起來，有時甚至笑得大小便失禁。這是癲癇發作的一種特殊類型，稱為陣發性癡笑型癲癇。②陣發性狂笑。笑性強迫症患者常無故大笑，時而幽幽笑不露齒，時而張嘴大笑不止，每小時發作狂歡般大笑可達10餘次，每次持續5～6秒鐘。發病初期常背著人偷偷大笑，後逐漸變得愈來愈難以控制，不論什麼時候和場合，或大笑或微笑，絲毫沒有顧忌。這是一種特殊的精神病，是由於神經系統興奮和抑制過程的協調失常，不穩定的興奮過程使大腦皮質形成一個頑固的停滯性和惰性的興奮灶所致。

（9）倒地笑。常見於神經鞘磷脂病（又稱尼曼匹克病），患者多為嬰幼兒。常表現為肝脾腫大、消瘦、貧血、生長發育及智慧落後，皮膚局部或普遍色素沉澱，腰骶部或口腔黏膜可見藍黑痣。患兒還常無誘因微笑，或經逗引後大笑，同時全身無力，隨即摔倒在地，持續半分鐘後方停止大笑，並能站立起來，每天可發作數十次。

Q 38.人中的表徵預示身體什麼病變？

A答：鼻子底下到嘴唇之間呈一條直線的溝稱為「人中」，又名「水溝」。

（1）人中彎曲歪斜，脊椎大多也會彎曲，容易有腰痠背痛之疾。

（2）人中顏色變化。人中暗綠，可見於嚴重膽囊炎、膽絞痛者；人中發青帶黑，表示腸胃出了問題；人中蒼白，冷汗津津，多見於支氣管擴張、肺結核咯血者；人中灰暗無光澤，女性

要警惕子宮頸炎、卵巢囊腫或子宮肌瘤的可能，男性則要防範前列腺炎或睪丸炎的發生。若是人中突然冒出紅黑點時，則可能患子宮頸癌，尤其是更年期以後婦女，務必定期做子宮頸抹片檢查。

（3）人中與生殖器官的關係密切。婦女人中短促，子宮頸短；人中細長者，子宮體較狹長，不易受孕；人中漫平，女性子宮發育緩慢，為幼稚型子宮，常見性欲低下、性冷感，且易發生月經過多的現象，男性則以隱睪症患者最為普遍。

Q 39.如何觀察青筋診斷疾病？

A 答：身體青筋的出現是人體痰、濕、瘀、毒積滯的反應。身上哪個部位有青筋則此部位有積滯和疾病，如果青筋的顏色深及扭曲，那就是重病的展現。

額頭呈現青筋：甲狀腺機能亢進、糖尿病。

太陽穴呈現青筋：腦動脈硬化、頭痛、中風。

婦女眼部下方出現青筋：婦科病，如痛經、子宮頸炎。

婦女口角出現青筋：婦科炎症，如念珠菌症、白帶過多。

鼻梁有青筋：腸胃積滯、消化不良。

下頜呈現青筋：風濕病或下肢疾病。

腹部的青筋凸起呈硯黑色並出現不規則狀態：腫瘤。

肝部呈現青筋：肝硬化、肝癌。

拇指關節下方呈現青筋凸起或扭曲：冠狀動脈硬化、心肌勞損、冠心病。

手指關節處有青筋凸起：胃腸功能欠佳、腹脹痛、口臭。

下肢呈現青筋：血流障礙、風濕關節痛。

Q 40.脖子、手背青筋凸起是心臟病表徵嗎？

A答：（1）脖子上的靜脈持續凸起，多數是有心臟病。有兩種情況：①心功能不全，特別是右心功能不全，最多見的是肺心病、肺氣腫；②心包發病，有心包炎或心包積液。正常人採坐位時頸靜脈不明顯，如果脖子上青筋凸得越厲害，說明頸靜脈壓力越高，意味著心功能越差，或心包壓力越高，建議到醫院診治。假如脖子上凸起來的青筋還會一跳一跳的，多半說明心臟的三尖瓣關閉不全，血液直接到頸靜脈裡去了，心臟病很重，多半是心衰。心功能不全還會導致活動後呼吸困難，比如走路氣急，肝區可能有壓痛，或者腳腫。腔靜脈狹窄也會引起頸靜脈壓力大，脖子青筋凸起。

（2）手背血管變化也能提示心臟病。有人手背上靜脈會極端地浮現，血管脹得像要裂開似的，如此為有心臟病的可能徵兆。簡單的測試方法：先將手往前伸直，接著斜放45°，此時靜脈仍然是怒張的狀態，接著把手往上舉高45°，這樣血液會往下流，所有靜脈的浮現就應該消失。如這時靜脈血管仍然浮現著，就可能有心臟病，尤其是有心功能不全症，應及時找醫生診斷。

Q 41.痣、疣、瘢痕、紫癜預示什麼病變？

A答：（1）老年疣。即脂溢性角化病，是一種常見的良性腫瘤，好發於中老年人。病灶一般為米粒到指甲蓋大小，呈淺褐色或淡黑色稍高出皮膚表面的斑片，邊界清楚。早期表面光滑，以後呈乳頭瘤樣，漸乾燥、粗糙，可形成一層油脂性厚痂。脂溢性角化病可單發，但通常多發，可多達數十或上百個，其增長通常

非常緩慢，患者也無明顯不適。此病是一個良性疾病，極少發生惡變，所以一般不需要治療。

（2）瘢痕。如果身體上一些慢性皮膚病，如燒傷或外傷後的瘢痕疙瘩或慢性皮炎等，最近忽然發生了一些莫名其妙的變化，若經過治療，這些病變反而增大，或者破潰、變硬、變厚、色素加深、角化過度甚至出血，這時應警惕有皮膚癌的可能。

（3）痣。痣多的人患皮膚癌的風險可能高一些，但是他們老化得慢，而且較不易患與老化相關的疾病，例如心血管疾病、骨質疏鬆症等。如果突然有新的痣出現或者痣增多和擴大、痣疼痛、痣的邊緣不清晰、結痂或者開始流血，那麼，就有患皮膚癌的可能。黑痣如經常發癢，出現邊緣不規則、不對稱、顏色改變或出現不均勻、直徑變大等，預示惡性病變。

（4）紫癜。表明血液凝固機制有問題，可能是白血病、潛伏性肝病、突發性血小板減少等。

Q 42.皮膚變黑預示什麼病變？

A答：皮膚是內臟的一面鏡子，觀察皮膚，能早期發現內在器官的毛病。

（1）臉色發黑。愛迪生氏病，因副腎皮質功能不全引起廣泛性皮膚及黏膜色素沉澱，皮膚呈黑褐色或青銅色。肝硬化、肝癌、肝膽疾病末期、慢性心肺功能不全、腎上腺功能衰竭以及慢性腎功能衰竭造成尿毒症者等，也常出現臉色黑暗、無光澤，病情愈重，顏色愈深。長期使用某些藥品，如砷劑、抗癌藥，亦可使臉色變黑，停藥後即可恢復正常。

（2）女性臉部黑皮症。不良化妝品口紅、粉底、粉餅等會

引起皮炎，導致色素沉澱，使臉部變成茶褐色，甚至紫灰色。肝臟及副腎皮質功能不良、陽光過敏人最易患臉部黑皮症。

（3）身體皮膚變黑變粗。黑色棘皮症會使皮膚變黑變粗，常是癌症的危險信號，惡性黑色棘皮症患者大部分合併有胃癌存在，其中約1/3的人在沒有任何胃癌症狀前，就會因癌細胞釋放一種物質使皮膚變黑變粗，常見於頸部、腋窩、肘窩、臍窩及外陰等曲折部位，有時顏面、口唇、足手背等處偶爾可見。垂體異常、糖尿病等也使皮膚變黑變粗，但均不像胃癌的皮膚變化典型。

Q 43.皮膚發黃預示什麼病變？

A答：（1）需檢驗膽管癌。老人尤其是皮膚發黃者以及患有肝膽先天性疾病者（如先天性膽管囊腫、先天性肝胰腎囊腫、膽管結石、硬化性膽管炎等），必須定期到醫院進行相關檢查，以全面檢驗是否患有膽管癌。臨床發現，膽管癌發病人群以50～70歲的老年人居多，男性高於女性。膽管癌主要症狀表現為無痛性黃疸，經驗不豐富的醫生都會誤診為一般的肝炎、肝硬化或傳染病。

（2）可能是肝膽失調。食用過多胡蘿蔔素食物，如木瓜、南瓜、胡蘿蔔、橘子引起的「柑皮病」，會使皮膚變黃，手掌或腳底尤為明顯。有些小孩，還會鼻旁發黃，這些都是因胡蘿蔔素沉澱在表皮所致，但眼睛鞏膜（即眼白）部分不會變黃，且停食後即可自然消退。

（3）黃疸。黃疸性肝炎和肝後黃疸，由於血液中的紅血球不減少，因而皮膚呈現鮮明黃色，即稱為「陽黃」；而肝前性黃疸，多為溶血所引起，因而皮膚會呈現晦暗黃色，面色萎黃，

即稱為「陰黃」。若是新鮮淺色黃染或時消時退的黃色者，表示病症較輕，治療及預後皆較佳，若是黃色晦暗且無光澤，並逐漸加重，則為肝膽病末期或是末期性肝、膽、胰臟的癌瘤，必須警惕。

（4）可能是貧血或環境污染、不良生活方式造成的。如再生障礙貧血、缺鐵性貧血等使皮膚變黃；品質低劣的護膚品中所含有的鉛、汞等有害化學物質，亦可令膚色變黃變深；城市空氣污染使皮膚產生氧化，使皮膚變黃；長時間日曬後，皮膚的抗自由基能力變弱，代謝會自然減慢，皮膚中的細胞顏色加深，形成發黃膚色；長期缺乏運動，身體及皮膚的循環代謝減慢，導致體內囤積過多的廢物、廢氣，皮膚會變得暗黃，缺乏生氣。有些人部分皮膚會成為黃色鼓起的硬塊，俗稱「黃色腫」，主要是肝功能障礙及動脈硬化引起，是脂肪新陳代謝障礙，有時發生於老人臉部內側。

Q 44.皮膚搔癢預示什麼病變？

A答：（1）膽酸濃度過高。膽酸在血中的濃度增高時，會沉積於皮膚，導致嚴重的皮膚搔癢。因此，當皮膚發癢又發黃時，應到醫院檢查一下肝和膽，看是否患有膽結石。

（2）血中鈣磷過高。血中鈣磷濃度過高也會出現皮膚發癢。如果此時皮膚較乾燥，並同時伴尿頻、尿急、腰痛，甚至小便如水樣，或尿少等情況，要想到腎臟病可能。慢性腎炎患者進入尿毒症期，因血液中尿毒素及蛋白衍生物增高，常引起全身性皮膚搔癢。

（3）內分泌紊亂。如甲狀腺機能亢進的病人，由於皮膚的

血液循環加快，皮膚溫度增高，導致皮膚發癢，尤以睡覺後搔癢更劇；糖尿病患者由於血糖增高，身體防禦病菌的能力降低，易受細菌和真菌感染，也會導致皮膚搔癢。

（4）中樞神經系統疾病。神經衰弱、大腦動脈硬化的病人，常發生陣發性搔癢；腦瘤患者當病變浸潤到腦室底部時，也常引起劇烈而持久的搔癢，且這種搔癢僅限於鼻孔部位。

（5）某些淋巴系統腫瘤。如暈樣肉芽腫、霍奇金病等或骨髓增生疾患者，常伴有全身性搔癢。

（6）糖尿病、肝炎。皮膚上出現小疱、膿疱或者某些部位發紅、發癢，出現足真菌病，是患糖尿病的警報。

Q 45.皮膚異常預示什麼病變？

A 答：皮膚司觸覺、冷覺、熱覺、癢覺及痛覺，負有「安內攘外司防衛」的重大責任。對內防體液、血液、電解質等排泄出體外；對外阻擋汙物、病菌、毒素、化學品及輻射線等侵入體內。終年承受「內憂外患」的挑戰，多能一「膚」當關。

（1）皮膚上出現玫瑰色的斑疹（按壓後可褪色），嚴重者皮疹為出血性，並會波及手心和腳底，多見於傷寒病；皮膚出現紫色斑疹，可見於血小板減少。

（2）皮膚出現鮮紅或略帶水腫的紅斑，多位於面頰兩側，常對稱分布。如蝴蝶或蝙蝠狀，即是紅斑性狼瘡，此病以女性居多；皮膚上出現圓形或橢圓形、邊緣清楚的固定性紅斑，多為藥物過敏，是藥物性皮炎中最多見的一種，可反覆出現在口唇、包皮、陰唇等部位。

（3）皮膚皺褶處出現痛癢丘疹，常見於疥瘡感染；頭髮部

位皮膚發紅，且會生出油性發癢的皮膚，大半是脂溢性濕疹；皮膚乾燥無光澤，缺乏防止黴菌、細菌和環境毒素侵襲的能力，主要原因是激素失去平衡。

（4）皮膚有黃色的斑點或結節，出現在眼睛四周或身體其他部位，表示體內膽固醇過高或脂質代謝異常，易患心臟血管疾病。

（5）皮膚出現變硬且隆起，特別是後腦及頸部，提示有糖尿病的可能，這類病人常伴有肩部痠痛、肛門及陰部發癢，且有手腳知覺變麻，較遲鈍，甚至腳趾尖端變紫等現象。

（6）肩胛、胸口和腋窩的皮膚出現紅褐色斑，可能是帕金森氏症的徵兆，常合併出現泛發性搔癢症，病情愈嚴重，皮膚就愈糟。腋下長結節性皮疹，是結腸下段有增殖性病變的信號。

（7）先一處出現塊狀皮疹，繼在別處出現同樣皮疹，提示胰臟可能有問題。色素痣型的皮疹迅速增大、變色，疹旁出現較小的衛星痣，常是惡性病變的信號。

（8）散布於軀幹的色素疹超過25個，預示身體潛伏有發生腫瘤的危險。

（9）皮膚和黏膜表面有出血點、瘀斑（按壓其上面不褪色），可見於瀰漫性腦膜炎。

（10）女性30歲以後，甚至更大年紀，經常出現青春痘，嚴重時背部青春痘易化膿者，可能是糖尿病的先兆，若是短時間內突然出現嚴重的青春痘，還可能是卵巢癌的警訊。

（11）根據皮疹出現的時間判斷疾病。水痘（包括病毒傳染的風疹）發生第一天出現皮疹；猩紅熱出疹在發病後的第二天；天花、麻疹、斑疹傷寒、傷寒等傳染病的出疹時間依次在發病後的第三、四、五、六天。

Q 46.糖尿病病人的皮膚上有哪些異常徵兆？

A答：糖尿病的主要症狀是吃多、飲多、尿多和體重減少的「三多一少」。然而，在有些輕型的或隱性糖尿病的早、中期，大多數患者並沒有典型的「三多一少」症狀出現，但在皮膚上卻能顯示出糖尿病早期的某些蛛絲馬跡。糖尿病併發症可發生在任何器官，皮膚病是常見併發症之一，隱性糖尿病往往最先出現的就是皮膚症狀。

（1）面部皮膚發紅。糖尿病患者的皮膚微血管病變引起血管的彈性減弱，致使面部微血管擴張，皮膚充血發紅，同時還可出現特殊的玫瑰色疹斑。

（2）癤、癰、毛囊炎。血糖增高使皮膚含糖量增多，給細菌在皮膚上繁殖生長提供了良好條件，導致反覆皮膚感染，如易受葡萄球菌感染，在後頸部、枕部出現有膿頭的毛囊炎，亦可發展成癤腫和多膿頭癰。

（3）皮膚搔癢。小部分糖尿病患者常出現皮膚乾燥和脫屑，發生局部或全身皮膚搔癢，女性患者常發生外陰部皮膚和陰道搔癢。

（4）足部皮膚缺血性壞疽。糖尿病可併發動脈硬化，導致下肢局部出現缺血，可表現為足部皮膚燒灼痛和皮膚發涼，溫覺消失，發生足部皮膚潰瘍、發黑等乾性壞疽現象，難癒合。

（5）皮膚水疱。有些糖尿病患者常在手足部位的皮膚上出現像燙傷後出現的水疱和大疱，水疱的疱壁鬆弛，容易壓破，疱內的液體透明清亮。這與患糖尿病後體內碳水化合物代謝紊亂引起局部皮膚營養障礙有關。

（6）皮膚出汗異常。上、下肢局部皮膚不出汗或汗液異常

增多，大多數與糖尿病引起皮膚微血管病變致使支配汗腺的自主神經功能失調有關。

Q 47.身體水腫預示什麼病變？

A答：水腫，又稱為浮腫，是一種水分保留太多的狀態。形成水腫的原因複雜，常見的有如下幾種。

（1）小腿及腳踝水腫，屬時發性水腫，屬正常。

（2）先有腹水，後全身水腫，水腫多發於下肢，屬肝性水腫，可能為肝硬化。

（3）先從腳踝到小腿，逐漸向上至全身水腫，屬心因性水腫，可能瘀血性心衰。

（4）臉部浮腫，尤其是眼瞼，屬腎性水腫，可能是急性腎炎。

（5）從眼瞼到腳，全身水腫，屬腎性水腫，可能是腎病變。

（6）全身及腳出現按下不會凹陷的水腫，屬內分泌性水腫，可能為甲狀腺機能低下（黏液性水腫）。

（7）妊娠4週以後，全身嚴重水腫，屬妊娠性水腫，可能妊娠中毒。

（8）小腿及全身出現水腫，屬營養性水腫，可能為低蛋白血症、嚴重貧血。

（9）其他水腫，屬過敏性水腫、淋巴性水腫，可能患有過敏性疾病。

Q 48.蜘蛛痣預示什麼病？

A答：蜘蛛痣是在皮膚上出現一個小紅點，這個小紅點，微微高出皮膚，從紅點向外，伸出一些細小的微血管，樣子就像蜘蛛的肢腳，所以把它稱為蜘蛛痣。如果用一枝鉛筆尖按壓在小紅點的中央，那些擴張的微血管就消失了，筆尖一鬆，它們又重新出現。這種蜘蛛痣，經常出現在面部、脖頸及上肢部位，在肚臍以下的地方就少見了。有的肝病病人，特別是有肝硬化的人，會出現蜘蛛痣和掌紅斑。如果病人的肝功能改善，蜘蛛痣也會減少甚至消失。

青春期女性是生長發育的高峰階段，體內有大量雌激素，可能會有一些蜘蛛痣出現，這是正常生理現象，隨著年齡增長，雌激素分泌逐漸減少，這種蜘蛛痣也會逐漸消失。另外，蜘蛛痣可見於正常婦女的妊娠期，當懷孕後，體內雌激素增多，因而出現了蜘蛛痣，此種蜘蛛痣大多發生在懷孕後的2～5個月內，產後數月內可以消失。少數患其他疾病如風濕性關節炎、類風濕性關節炎以及維生素B群缺乏的病人也可見到蜘蛛痣，因此，對蜘蛛痣的出現，不能只看作是肝硬化的表現徵象，還應想到正常人或其他疾病，需要結合臨床加以全面分析。

Q 49.汗水流露出多少疾病？

A答：成年人約有200萬～400萬個汗毛孔，全身汗管總長度至少10公里。汗腺主要作用是控制汗液的排泄。有些人在氣溫低時出汗，屬於病理性出汗，常見於下列幾種病因。

（1）風濕病。其發病以冬春季節為多，而在早期即可見與

體溫不成比例的大汗。這時應注意關節、心臟的情況，盡早查治。

（2）中暑。高溫環境下工作，大量出汗，感到暈眩、胸悶、噁心。

（3）結核病。該病的重要表現之一即為睡後大量出汗。如果盜汗嚴重，應留意有無咳嗽、消瘦、低熱等相關表現。

（4）小兒盜汗。若小兒入睡前活動過多，或進食不久，均可造成小兒入睡後出汗較多，尤其在入睡後2小時內，這不是病態，是生理性盜汗。結核病患兒盜汗以整夜出汗為特點，患兒同時還有低熱消瘦，體重不增或下降、食欲不振、情緒發生改變等。佝僂病患兒盜汗，3歲以下小兒為多，主要表現為上半夜出汗，這是由於血鈣偏低引起的。

（4）甲狀腺機能亢進。甲狀腺機能亢進病人由於基礎代謝的增加和自主神經系統的失常，可造成大量出汗等高代謝症狀。甲狀腺機能亢進除怕熱多汗外，還伴有易怒、失眠、手顫抖、多食反瘦、心情煩躁、目光驚恐等合併症狀。

（5）糖尿病。患者出汗的特點是頭面部和軀幹大汗淋漓，但四肢不出汗。糖尿病常見而重要的併發症有心臟病、酮症酸中毒、糖尿病眼病、糖尿病腎病、糖尿病外周血管感染及神經病變等，而神經病變以自主神經病變較常見，其表現為排汗異常，可呈無汗、少汗或多汗，多汗的主要原因一是自主神經功能紊亂，交感神經興奮，汗腺分泌增加，二是血糖代謝率增高。

（6）心力衰竭。當情緒受到刺激或精神過度緊張，因血管收縮，出現「冷汗」。病重冷汗是生命危險的信號，急性心肌梗塞者出現類似心絞痛之胸痛，且更強烈而持久（超過30分鐘），可在休息或服用三硝酸甘油後得到完全緩解，常伴有多汗、噁

心、心搏過速、焦慮不安等症狀。

（7）藥物中毒。服用某些毒藥，如有機磷農藥、鉛、汞、砷等，均可在中毒後多汗。

（8）布氏桿菌病。該病有傳染性，常常隨體溫波動而大量出汗，並感到乏力、軟弱或關節疼痛。此外，佝僂病、腦炎後遺症也常常伴有明顯的出汗，虛脫、休克時易見大量冷汗。

（9）自主神經功能失常。青春期自主神經功能失調常見大汗淋漓、面部潮紅現象，房事後也易出汗，下半身最為明顯。有些體質虛弱、婦女更年期或肥胖症病患者出汗異常增多。

Q 50.局部出汗預示什麼病變？

A 答：（1）額汗。僅頭額部出汗而別處無汗者，稱為額汗，無其他症狀時不屬於病態，如頭額部長期局部出汗，為甲狀腺機能亢進表徵；重症病人突然額汗不止，預示病情惡化。

（2）鼻汗。僅鼻頭出汗稱為鼻汗。精神緊張、情緒激動、工作勞累時鼻頭易出汗。鼻翼持續出汗，多見於過敏性鼻炎及免疫力低下，容易突發感染。

（3）胸汗。指胸前及心窩部位出汗，其他部位少汗或無汗的現象。多因思慮過度、饑飽勞役、損傷心脾之氣、津液走泄引起，常有心悸、氣短、便溏等症，可見於心肺功能異常者；前胸和頸部局限性多汗，則可能是血液循環系統和內分泌功能出現障礙。

（4）手足汗。手足常有汗，冬夏無間，多因脾胃虛熱、體質虧損所致；長期手足多汗是交感神經過度亢奮，如壓力太大、精神緊張、激動、恐慌或注意力高度集中等所致。

（5）手心出汗。慢性腎盂腎炎前期一般有持續性或間歇性手心發熱、出汗，或伴有全身發熱。

（6）腋下出汗。腋下多汗並帶狐騷氣味，是腋窩部的大汗腺分泌異常。

（7）外生殖器出汗。外生殖器局部異常出汗可能是有陰道炎、陰囊皮炎等疾病。

（8）偏汗。即半側身體出汗，或左、右半身，或上、下半身，一旦出現可能是偏癱、中風以及胃腸神經、心血管神經功能紊亂的信號。

Q 51.五顏六色汗、香汗、臭汗預示什麼病變？

A 答：一般人的汗無色或略帶淡黃色。若排出五顏六色汗，可能是某種疾病作怪。

銅中毒汗液呈淡藍色；注射醫用染料亞甲基藍，汗液呈藍色；某些出血性疾病或長服碘化鉀等化學製劑的人，汗液可呈紅色或淡紅色；黃汗，是汗中尿素含量過多，可出現黃汗一般多為出汗後以冷水浴身，濕邪入內或寒濕鬱於肌表致宣洩失常而出現；若黃汗有特殊腥味，可能是肝硬化徵兆。

汗是汗腺分泌的一種液體，其中水分佔99%，其餘的是氯化鈉、鉀、硫、尿素等。汗液本身並沒有氣味，只有當汗液與皮膚表面的細菌混合後，才會產生臭味。身體某些部位，如腋窩、腳部、腹股溝等，細菌容易積聚，汗腺較多、汗液亦較難蒸發，因此氣味更濃烈些。

臭汗是指汗多不易蒸發而發生臭味，屬正常現象。若有難聞的特殊臭味，可能是局限性汗臭症；汗中帶有香味，多見於糖尿

病病人出現酮酸血症中毒時；若汗中帶有尿臭味，且在皮膚上形成結晶，要警覺尿毒症的可能。有肝病的人，排出來的汗多帶有臭味。所以，肝熱病人除注意消除日常出汗誘因外，治療肝病則是消除汗臭的關鍵。

Q 52.無汗、自汗、戰汗、盜汗等預示什麼病變？

A 答：流汗是調節體溫的重要生理現象，受自主神經支配。汗有散熱作用，能把體內代謝的廢物如含氮物質等排出體外，沖掉體表微生物，潤澤皮膚，維持酸性，抗擊細菌侵襲。

一般說來，在天氣炎熱、進食過快、劇烈運動、情緒激動等情況下，出汗量增加屬於正常現象。然而，部分人的異常出汗可能是某些疾病的徵兆。無明顯誘因而大量出汗不止稱「大汗」，常見於營養不良或化學物中毒。

（1）無汗。是指汗腺分泌甚少，或身體不產生汗液。除先天性體質異常造成，或因早產兒及老年人汗量較少屬於正常外，大多屬於病態，常見有汗腺發育不良、黏液水腫、糖尿病、下痢、嚴重尿毒症或皮膚病（如銀屑病、魚鱗病、硬皮病）所引起。此外，有因藥物引起，如抗膽鹼藥物（阿托品、莨菪）及交感神經阻斷劑等。

（2）自汗。指不因工作、氣候炎熱、心理等因素的流汗情況，在靜止的狀態下出汗不止，常見於發熱、肺炎、風濕熱等；還可見於氣虛感冒症、氣虛發熱症、心氣虛症、脾氣虛症、肺氣虛症、腎氣虛；還有一些內分泌紊亂的原因，如更年期綜合症、代謝性疾病引起的甲狀腺機能亢進；糖尿病的低血糖狀態或者冠心病疼痛缺氧狀態也可自汗；其他還有藥物引起的出汗如吃阿司

匹林等。

（3）戰汗。寒戰高熱後出汗不止稱「戰汗」，常見於肺炎、急性膽囊炎等病人。

（4）盜汗。就是在夜間睡著時出汗，而醒後就不出汗了。常見於肺結核，此外如胸膜炎、白血病、慢性關節炎、慢性支氣管炎等。

Q 53.白髮預示什麼病變？

A 答：頭髮主要由角蛋白構成，其中含有20多種胺基酸及銅、鐵、鋅等十幾種微量元素。隨著年齡增長，毛髮中的色素便會與老化同步消失，到了50歲，幾乎人人可見白髮。上了年紀，卻還是滿頭黑髮，除了好基因外，極可能是疾病的警訊。如一種內分泌疾病愛迪生氏病，就是由於雙側腎上腺皮質結核、萎縮，即使進入高齡，毛髮也很少變白。此外頭髮太黑或原本不黑卻突然變黑的人，可能是患癌症（特別是黑色素瘤類的惡性腫瘤）的徵兆。

心理因素會影響激素的分泌，造成白髮。除了心理的影響，中醫認為，毛髮與腎有密切的關係，腎氣盛，則毛髮黑亮有光澤；腎氣虛，則髮枯且易脫落。像青年白髮，除了要考慮遺傳或精神因素外，結核病、再生障礙性貧血、胃腸病、營養不良以及動脈粥狀硬化等，都能引起青年白髮，值得注意。

頭髮早白者須警惕骨質疏鬆。這可能是由於「頭髮早白」和「骨質疏鬆」都受同一有缺陷基因控制之故。鑑於此，專家們建議頭髮早白者，尤其是頭髮早白的婦女，在更年期前就應早早預防骨質疏鬆症的發生等。

Q 54.掉頭髮預示什麼病變？

A答：人類毛髮依不同部位各有一定的生命週期。像頭髮，每天每根生長的速度為0.3～0.4公釐，頭髮壽命平均達3～10年之久。一個人的頭髮有10萬根，正常情況下，每天約有50～150根脫落，一天自然掉髮量在150根以內都算正常，如果超過，就應提高警覺。

男性脫髮主要是頭前部與頭頂部，前額的髮際與鬢角上移，前部與頂部的頭髮稀疏、變黃、變軟，終使額頂部一片光禿或僅有些茸毛；女性脫髮在頭頂部，頭髮變稀疏，但不會完全成片脫落。

（1）與用腦過度、心理健康有關。用腦過度、心事重重、煩悶或者精神過於緊張，會影響到頭髮營養的供應和生長。有的人遇到過於激動的事，大腦受了強烈的刺激，精神很不正常，壓抑的程度越深，脫髮的速度也越快，有時一夜之間頭上的頭髮就脫掉一大片，俗稱「鬼剃頭」。

（2）與營養有關。頭髮的生長需要營養，而營養是靠血液運送的，如果一個人長期多病、身體軟弱、血氣不足，頭髮就會因缺少營養、生長不好而快速脫落。

（3）與精神狀態、睡眠有關。緊張、悲傷、驚恐、癲癇等都可引起頭髮脫落；充足的睡眠可以促進皮膚及毛髮正常的新陳代謝，而頭部毛髮的代謝期主要在晚上，特別是晚上10時到凌晨2時之間，這一段時間睡眠充足，就可以使得毛髮正常新陳代謝。反之，毛髮的代謝及營養失去平衡就會脫髮。

（4）與頭髮傷害有關。染髮、燙髮、吹風等對頭髮都會造成一定的損害；染髮液、燙髮液、品質不良的護髮液對頭髮的影

響也較大，次數多了會使頭髮失去光澤和彈性，甚至變黃變枯；日光中的紫外線會對頭髮造成損害，使頭髮乾枯變黃；空調的暖濕風和冷風都可成為脫髮和白髮的原因，空氣過於乾燥或濕度過大對保護頭髮都不利。

（5）與疾病有關。頭髮的生長、脫落與健康息息相關，是內臟疾病的情報站。頭髮掉得快的人，將來患心臟病或因心臟病死亡的機率較高，這是由於體內基因或睪丸酮太高時，不僅會讓人患心臟病，同時也會導致禿頭；頭髮不正常脫落，顯示體內缺鋅；頭髮脆弱易斷，表示有甲狀腺疾病的可能；若是掉髮並伴有全身性的毛髮稀少，多見於內分泌疾病或甲狀腺機能低下；身體內在的黴菌、病毒、梅毒的感染、脂溢性皮膚炎症或免疫系統以及婦女妊娠的身心壓力過大等皆可造成脫髮。男性前額禿的人，易患腎臟炎，而女性若有全髮性脫落者，為患腎炎的表徵，至於頭頂部脫髮，則須提防膽囊炎、結腸炎的發生。

Q 55.老人皮膚色斑預示什麼病變？

A答：人到老年，因為皮膚老化或某些疾病的原因，皮膚常出現白、黑、褐、黃、紅或紫等五顏六色的斑點。這些斑點，有的對健康無礙，不需治療，有的有併發惡性腫瘤的可能。現將常見的幾種老人皮膚斑點的生理、病理情況介紹如下。

（1）老年斑。是最常見的老年皮膚病。皮膚上可見大大小小的黃褐色斑，常見於曝露處，如面部、手背、前臂、頸部，一般不隆起，不疼不癢，不需要特殊治療處理。

（2）老年性白斑。又叫老年性白點病，是身上散在的像米粒或綠豆至黃豆大的小白斑，是皮膚老化的一種表現，常見於軀

幹、四肢，瓷白色，邊界清楚，微微凹陷，不疼不癢，隨年齡增長而增多，但不長大，別誤認為是白癜風，不需要治療，無礙健康。

（3）老年性血管瘤。是皮膚上長出針頭大小至小米粒大小的鮮紅色、隆起於皮面的小紅點，又叫寶石痣，為皮膚老化性病變，隨年齡增長而增多變大，多發於軀幹、四肢近端，開始為櫻桃紅色斑丘疹，逐漸發展成綠豆大，表面光滑，質地柔軟，不痛不癢，碰破了會出血，但不用害怕，一般無礙健康，不必治療。

（4）老年疣。又稱脂溢性角化病，是表皮一種良性疣狀增生，多發生於50歲以上的中老年人，面部、手背及軀幹等處多見，呈針頭帽至黃豆大或更大，淡褐到深褐乃至黑色，稍高出皮面，亦可呈乳頭狀，表面常附有油脂性鱗屑，觸之柔軟，不痛不癢，無礙健康。但如在6個月內皮疹迅速擴大，數目增多或伴有明顯搔癢者，有惡性病變可能，應及時到醫院檢查治療。

（5）老年角化病。又叫曝光性角化病、日光性角化病，發病與長期日曬有關，多發於面部、禿髮的頭頂部或手背等曝露部位，表現為黃豆至蠶豆大、弧狀的丘疹或隆起性結節，表面粗糙，質地較硬，覆以烏褐色或黑褐色痂皮，不易剝掉，用力剝易出血。本病為癌前期病變之一，可發展為鱗癌，一旦周圍發紅，基底擴大或潰破出血時，常為惡變的徵兆，要立即診治。

（6）老年性紫癜。老年人特別是高齡老年人，在輕微外傷或者沒有外傷的情況下，皮膚上出現大小不等的青紫色斑片，壓之不褪色，是由於血管脆性的改變造成的。

（7）老年性雀斑。發病與皮膚老化、日曬有關，常發於中老年人的手背、前臂等曝露部位，隨年齡增長而增多，呈綠豆至杏仁大、褐色或黑色斑，略高皮面，表面光滑，不痛不癢，無礙

健康，但應避免日曬。

（8）瞼黃瘤。為脂質沉積於眼瞼所致，常發生於中年，多為女性。初為一個或數個淡黃色小點，逐漸擴大、融合、隆起而形成柔軟的檸檬色斑塊，表面光滑，不痛不癢。發展緩慢，很少治癒，但無礙健康。若伴有高脂蛋白血症等應治療。

三、骨骼、四肢部分

Q 56.肩腰背腿痛預示什麼病變？

A 答：（1）高跟鞋導致肩膀痠痛。腳被稱為第二心臟，對全身的血液循環發揮重要的作用。從心臟擠出的血液透過走路等足部運動，又回流到心臟。高跟鞋鞋跟高度在2～3公分最為適宜。過高則使人體重心過分前傾，身體的重量過多地移到前腳掌，使腳趾受擠壓影響全身血液循環；行走時會改變正常體態，腰部過分挺直，臀部突出，還會加大骨盆的前傾度。左、右鞋跟高度不一還會導致骨盆歪曲，久而久之，必定傷及脊椎，當歪曲發展到頸椎（頸部的脊椎）時，就會發生肩部、頸部痠痛等症狀。

（2）腦膜刺激症。是腦膜病的一種表現，突然感覺自己的脖子發硬、頸僵直，與受風、落枕不一樣，常見於腦膜炎、蛛網膜下腔出血、顱內壓增高、頸椎病等。

（3）用眼過度。眼睛長時間聚焦造成的疲勞，使神經對頸部、肩部的肌肉運動的控制失調，引起肌肉張力增高，當這種緊張長期不能緩解時，相應部位就會出現慢性疼痛。

（4）坐骨神經痛。若是發生在中、青年人身上，最可能的原因是腰椎間盤突出壓迫神經根所致，由於人們白天工作時直立的身體可將椎間盤壓扁，便擠壓緊鄰的神經根，引起腰痛合併下

肢的後外側痠、麻、痛。這類病人往往早上腰痛減輕，甚至完全不痛，中午過後即開始腰痛發作，越到傍晚就越痛。

（5）組織發炎。如關節炎、肌肉筋膜炎、僵直性脊椎炎等。早上醒來時最痛，經過活動後，疼痛的症狀減輕。因為一個晚上沒活動，新陳代謝所產生的廢料堆積在局部組織，刺激疼痛神經而引起腰背痠痛，經過活動後血液循環增加，將這些廢料帶走，因而疼痛減輕。

（6）癌症。發於睡夢時的腰痛，常是癌症痛。這種疼痛能使人在睡夢中痛醒，或者是越晚越痛越睡不著。癌症痛的特徵是在疼痛處輕輕敲擊會加劇疼痛，與一般肌肉痠痛輕輕敲後較為舒服正好相反。

（7）痛風。腰腿痛是常見的症狀，要與關節炎引起的腰腿痛區別。當關節炎久治不好時，要想到由於尿酸代謝不正常而引起的腰腿痛，俗稱「痛風」。

（8）吸菸誘發腰背痛。因為吸菸時，菸鹼被吸入血液會引起椎間盤血管收縮，供血量下降。另外，吸菸者體內高濃度的一氧化碳與紅血球中的血紅蛋白結合，使紅血球攜氧能力減低，腰椎間盤本來不充足的氧和其他營養物更加減少，從而導致其退變過程加快加重，使脊椎對活動壓力更趨敏感，最終促使腰背痛的發生。吸菸常引起慢性支氣管炎，容易經常咳嗽，當喘咳時，腰椎間盤受到的壓力增加。

（9）天氣寒冷誘發腰痛。有一部分人會因天氣寒冷而出現腰痛或腰痛加重，而且有的患者腰痛症狀會像天氣預報一樣準確。寒冷主要是透過腰背部血管收縮、缺血、瘀血、水腫等血液循環方面的改變而使患者產生腰痛。

Q 57.骨關節響是怎麼回事？

A 答：有人握拳時指關節會發出「叭」的聲音，也有人只要上、下樓梯，膝關節就有節奏地「嘎、嘎」響，還有人甚至連伸個懶腰、打個哈欠，頸背或顳頜關節都會發出聲音，這就是關節彈響。

多半關節彈響是生理性的，不會引起身體其他部位不適，對身體危害不大，不必為此惴惴不安。但有一部分人關節彈響時會伴有痠疼、腫脹等不舒服感覺，這就預示著關節出現問題了，比較常見的病有半月板損傷、骨關節病等。

關節響還和年齡有很大關係。一般來說，年輕人關節響以生理性為主，除非有外傷，而年紀大的人一旦出現關節響，則更多的要考慮局部是否有病變，比如韌帶勞損、骨刺等。

Q 58.關節疼痛預示什麼病變？

A 答：人們很容易將關節疼痛與風濕性或類風濕性關節炎聯繫在一起。其實，不少關節疼痛並非關節本身病變所致，而是全身性疾病的一種局部症狀表現。

（1）骨關節炎。骨關節炎的關節疼痛感晚間比白天嚴重，運動會使疼痛加劇，疼痛部位以腰部和膝蓋最為強烈；嚴重者在疼痛了幾個星期或者幾個月以後發生腫脹和敏感觸痛。骨關節炎的發病年齡大多在40歲以後。

（2）風濕性關節炎。患風濕性關節炎的關節疼痛早晨較重，白天和夜晚趨輕。疼痛、腫脹、僵硬多發生在手腕部位，並且關節的敏感觸痛與腫脹、疼痛同時發生。風濕性關節炎多發生

在20～45歲的女性。

（3）痛風病。腳部大拇趾紅腫，即使是最輕的觸摸也會引起疼痛，如果一直需要服用利尿劑，那麼，可以認為是痛風病。

（4）淋病。膝蓋或者手肘等單獨一處的關節紅腫，並且有尿道流膿等細菌感染的症狀，有患淋病的可能。

（5）骨質疏鬆症。遊走性的關節疼痛並伴有全身骨頭痛，是因為體內缺鈣，患了骨質疏鬆症。

（6）白血病。15%～20%的兒童患者以關節疼痛、腫脹、紅斑為首發病狀。

（7）血友病。是一種遺傳性出血性疾病。全身廣泛出血和貧血是其主要特徵，因關節疼痛常被誤診為急性關節炎，病情拖延可導致關節畸形僵直、肌肉萎縮。

（8）急性傳染病。不少患者併發關節炎、引起關節紅腫熱痛，如外傷寒、菌痢、肺炎等細菌感染，腮腺炎、病毒性肝炎等也常有大關節疼痛的表現。

（9）肺結核。結核菌侵入人體後可導致多發性關節炎，多個關節出現腫脹、疼痛，與風濕性或類風濕性關節炎不同的是，關節不紅、不變形，伴有低熱、食欲不振、咳嗽、咯血、胸痛、消瘦等症狀。

（10）肺癌。關節久痛不癒當心肺癌，肺癌骨關節病變多表現為肌無力綜合症、骨關節腫大（以四肢大關節多見）、杵狀指等，無胸痛、咳嗽、咳痰等肺部表現，按風濕性或類風濕性關節炎治療無效，但是手術切除肺癌細胞後，關節疼痛可逐漸消失。因此，出現局限性關節痛，並用止痛藥治療效果不明顯者，要考慮肺癌的可能。肺癌極易轉移，常表現出骨關節病變等其他部位的症狀。

（11）免疫系統疾病。一些自體免疫系統疾病會侵犯關節，使關節出現腫痛，如紅斑性狼瘡和賴透症候群（一種自體免疫不健全疾病），這要靠血液化驗協助診斷。

Q 59.手色異常預示什麼病變？

A答：皮膚的顏色與皮膚的營養狀態、皮下組織、血管等密切關聯。手色也是皮膚營養狀態和血液循環狀態的反映，所以觀察手色具有一定的臨床意義。一旦失去正常顏色和潤澤，可能就是疾病的警訊。

（1）黃色。食用含胡蘿蔔素過多的食物會使皮膚變黃，即「柑皮病」，停後消退。正常手掌微黃，略帶紅潤，稍有光澤，若出現黃色，除食物關係外，要警惕慢性貧血、營養不良、慢性萎縮性胃炎等慢性疾病。

（2）手掌呈土黃色或灰黃色、無光澤，同時全身各部皮膚呈土黃色、灰暗而失去光澤，為體內有膽汁排流障礙表徵，如慢性膽管炎、膽管狹窄，膽囊、總膽管癌瘤、胰頭癌等，當膽汁受阻，長期淤積體內，浸漬皮膚就會呈土黃色。此外有些內臟腫瘤末期及長期慢性中毒者，手掌也可呈土黃色，須多留意。

（3）手掌呈金黃色，鮮黃豔麗，多見早期肝病患者，如急性黃疸性肝炎、藥物中毒肝損害等。手掌呈淺黃色，皮膚變厚發硬、光滑乾燥，沒彈性，稱為「掌距角化病」，常見於先天性顯性染色體異常，本病多在嬰兒期發病，常有家族史，應察看兒童外生殖器有無發育異常，如睪丸發育過小、陰莖過短等情況，建議做染色體檢查。

（4）白色。手掌部皮膚呈淡白色，常見於貧血、慢性出

血、血液系統疾病或營養不良性疾病；呈白色，為肺臟有疾患或體內有炎症表徵。食指蒼白而細弱，為肝膽功能障礙表徵。中指蒼白、細小無力，為有心血管疾病表徵。無名指蒼白，為腎臟與生殖系統功能不佳表徵。小指蒼白細弱，為消化吸收功能障礙表徵。雙手指尖蒼白冰冷，常見於慢性胃腸病，且有得胃癌的傾向。

（5）紅色。手掌變紅，說明掌部皮下血管充盈，血流增快。手掌出現紅色網狀微血管，常見於缺乏維生素C。手掌表面，尤其是大拇指與小指根部鼓起的地方充血變紅，提示有肝硬化、慢性肝炎或肝癌前兆。掌面過紅者，有高血壓危險、腦出血的傾向。手掌呈紅茶色或手掌有灼熱感，常是腦溢血的警訊。手掌呈紅色後又逐漸變成暗紫色，預示或已經發生心臟疾病。

（6）紫色。手掌部呈青紫色，是體內缺氧和發紺的徵兆，常見於感染性休克、重症感染、心力衰竭等危重病人，不容忽視。

（7）黑色。手掌呈黑色，常見於腎臟疾病，如慢性腎炎、尿毒症等病。手掌中間呈黑褐色，常見於胃腸病。從手腕到小魚際處出現黑色或暗紫色，常是因風濕得了腰部疾病的信號，這時左腳踝內側同時也會出現這類顏色。

Q 60.手形異常預示什麼病變？

A答：生病時，手部可出現各種變化，只要仔細觀察手部形狀、活動、長短、曲直、強弱等變化，並了解變化與疾病的關係，健康就掌握在你手中。

（1）彎曲。拇指運動失靈，不易彎曲，預示患有高血壓、

冠心病和中風；食指偏曲，指縫隙增大且紋路散亂，常見於肝膽病影響致脾胃功能異常；中指偏曲，預示心臟和小腸功能障礙。無名指偏曲，常見於神經衰弱和泌尿系統疾病；小指側彎且手掌皮膚乾燥，常見於消化功能紊亂。

（2）掌形。圓形手掌，身體健康、個性積極、有活力，很少患病。湯匙形手掌，身體強壯、精力充沛，有耐力，易患腰腿方面疾病。正方形手掌，體質壯實有力、有韌性，個性強的人易患心腦血管疾病。長方形手掌，體質較弱，多神經敏感、精力不足，易患神經功能性疾病。

（3）腫脹。晨起手指粗腫或有腫硬感，為患有腎病表徵，如慢性腎炎、慢性腎盂腎炎等病症；手掌浮腫，手指麻木，可能是心臟病徵兆；手指關節腫脹、增粗，如同織布的梭子，且屈曲僵直，不能伸直，活動時疼痛加劇，為類風濕性關節炎表徵；指端腫大伴有肌肉、肌腱萎縮、運動障礙者，常見於膠原系統疾病，如皮肌炎、全身性硬皮症、紅斑性狼瘡、風濕性慢性關節炎，尤以女性患者居多；整個手掌出現腫脹、變寬增厚、手指粗面短，伴有顴骨、下頜骨、前額骨突出，則表示腦垂體腫瘤的可能。

（4）乾瘦。手指、手掌過瘦，常見於頸椎病或腦神經、脊神經、尺橈神經損害等神經營養障礙造成的肌萎縮。手背皮膚乾皺，各指關節僵硬不靈活，觸摸有冰冷感，一年四季皆然，即是患了手足冰冷症，常見於老年體弱病患。如果手足冰冷呈陣發性，發作時面色發青、腹痛難忍、身出冷汗，發作完後又如同常人，則為有蛔蟲病表徵。

（5）活動障礙。閉目直立，雙手平伸，手指張開，如出現手指輕微顫抖、身搖、站立不穩，常見於甲狀腺機能亢進、重度

神經衰弱、腦血管疾病或脊髓側索感化症。大、小魚際出現角化，可能是膀胱癌的徵兆。手指關節畸形像雞爪一樣，或手腕下垂無力，多為手前臂橈尺神經損傷引起的進行性肌肉萎縮，或腦血管疾病所致的肢癱，嚴重者甚至無法運動。

（6）手心出汗。女性手心會發熱，有可能得了慢性腎盂腎炎。

Q 61.指形異常預示什麼病變？

A答：（1）方形。指頭大致呈正方形，肌肉結實有力，一般健康，但有些人易患神經功能性疾病。若手外形呈長方形、掌和指的指骨節較長、手背血管及指背節紋較明顯者，常富想像力，但常用腦過多而損及精神、體力，臟器功能減弱。

（2）圓錐形。指頭圓長，指尖細，呈圓錐狀，肌肉較薄，則性格內向、精神強韌、易情緒憂鬱、神經質、消化力差，多見胃腸方面疾患。

（3）湯匙形。指頭圓而粗大，狀似湯匙，指根、手掌均厚實，手腕粗大，則體力良好、好動、急躁，易患高血壓、糖尿病及心腦血管疾病。

（4）鼓槌形。指頭狀如鼓槌，指根相對較細，掌肌瘦弱，表示患有先天性心臟病等循環系統疾病與呼吸道慢性病。

（5）瘦弱形。外形瘦弱、指細無力、手指稍有彎曲，為體弱無力、內臟機能衰弱、易生病表徵。若指形細長、指骨節高，一般體質弱，易生消化系統疾病；手短小、手指弱彎、手背皮膚厚色深、指背關節的節紋亂而深，則易患高血壓。

（6）混合形。五個指頭形狀各一，有竹節形，有圓錐形或

其他形，則身體強壯、不易生病。

（7）指長指短。無名指較長的人，患心臟病的機會較少，而食指較長的人更容易患上心臟病。

Q 62.手指表徵異常預示什麼病變？

A答：（1）手指乏力可能是神經卡壓症。神經走行部位受過挫傷、鈍傷，增大的淋巴腺或囊腫以及解剖學上的管道發生狹窄，都可能引起神經卡壓。其症狀是手指乏力，有的無感覺障礙，有的存在感覺障礙（如手指麻木，觸覺、痛覺減退），有的還表現為不能將拇指和食指形成一圓圈、出現肌肉萎縮等。因神經長時間受壓後會變性，導致症狀不可逆轉，應及早就診，但很難治癒。

（2）握筷姿勢異常辨病的常識。使用筷子，可牽扯指、掌、肩、胳膊等部位的肌肉、關節以及神經。因此，可從握筷的「態勢」中辨別人體暗藏的疾病。小兒進食時伸舌努嘴、擠眉眨眼、小手抓不住碗筷，或將筷子顛倒亂用，很可能是風濕熱舞蹈病的表現；患有癲癇病的小兒進食時，若雙眼無神且凝視，握筷無力，很可能是發病的前奏；中老年人進食時，上肢哆嗦，手指顫動厲害，難以用筷，可能是中樞神經系統病變，導致震顫麻痺；半身不遂患者，如果自覺握筷時「力不從心」，便可能是中風「序幕」；甲狀腺機能亢進患者進食時，使用筷子夾食困難，心慌煩躁，說明病情將加重；在餐桌上握筷胡亂敲打碰碟、喜怒無常，則是精神病患者發病前兆。

（3）手指發脹。早晨起床後有手指發脹的感覺，首先可能與頸椎病有關，頸椎病患者的手指麻脹有一定特徵，或是拇指、

食指或合併中指麻脹，或是小指、無名指或合併中指麻脹，也可能是五個手指一起麻脹，還有可能伴有握力降低的現象。其次，手指麻脹也是腕管綜合症的一大信號，位於掌側的正中神經受到卡壓，從而造成手指感覺異常。中風的症狀之一也是手指發麻發脹，但此時通常還會伴有胳膊和其他部位的麻木，需要格外留意。再次，心臟、腎臟疾病也有可能會引起手指發脹，但一般伴有臉腫或腿腫。最後，手指發脹也是類風濕性關節炎的早期表現之一，如果同時伴有關節腫痛，則更有這方面的可能。如有臉皮、手背皮膚發硬，則可能是硬皮病。

Q 63.手顫預示什麼病變？

A 答：老人手震顫原因有功能性和器質性兩種。功能性震顫多因情緒激動、過度勞累、體質虛弱等因素所致，一般不需治療。器質性震顫是由某種疾病引起，較常見的疾病有以下幾種。

（1）動脈硬化症。老年人患動脈硬化，可導致自主運動不諧調，症狀之一就是手顫，嚴重時還可發生頭部震顫。

（2）中腦病變。老年人中腦發生病變時，可引起震顫麻痺，以手震顫最為明顯。

（3）小腦病變。小腦主要功能是維持人體活動的諧調穩定，一旦病變，易發生意向性震顫，難以完成特定的動作，如舉杯進口時，手抖得厲害，難以完成特定的動作，常伴有走路蹣跚、說話口吃等。

（4）書寫性震顫。主要表現為握筆寫字困難，但從事其他手部精細動作時手並不顫，一般認為是由於大腦皮層功能失調所致。

（5）帕金森氏症。手腳抖、寫字小、說話慢、起步難是帕金森氏症四大徵兆。帕金森病往往在55～60歲後發病，主要影響日常活動或運動功能。早期表現為手腳僵硬、動作緩慢和震顫，中晚期出現起步困難、翻身困難、身體易失去平衡，病人運動能力明顯受限，生活往往不能自理，需要他人照顧。

Q 64.手指的半月痕與健康有什麼關係？

A答：半月痕是指手指甲根部白色的圓弧形。健康人一般除小指外均有，而且拇指月亮痕高度約為3公釐，其餘三指月亮痕高度約為2公釐。半月痕的發育受營養、環境、身體素質的影響，當消化吸收功能欠佳時，半月痕就會模糊、減少，甚至消失。正常半月痕的數量雙手要有8～10個為好，面積佔指甲1/5為好，顏色以奶白色為好，顏色越白表示精力越壯。

（1）半月痕數量少。表示精力越差，體質越寒，也就是免疫力弱，身體手腳寒冷。

（2）不正常半月痕的三種類型。① 寒底型：無半月痕為寒型，這種人臟腑功能低下，氣血運行慢，容易疲勞乏力，精神不振、吸收功能差、面色蒼白、手腳怕冷、心驚、嗜睡、容易感冒、反覆感冒，慢慢就精力衰退、體質下降，甚至痰濕停滯、氣滯血淤、痰濕結節，易生腫瘤。②熱底型：凡小指也有半月痕者，均屬熱型，其半月痕都大於指甲的1/5。這類人臟腑功能亢進，可見面紅、上火、煩躁、便祕、易怒、口乾、食量大、不怕冷、好動，甚至血壓高、血糖高、易中風。③寒熱交錯型：凡半月痕的邊界模糊不清、顏色逐漸接近甲體顏色者，屬寒熱交錯或陰陽失調，初期半月痕邊緣開始不清，如放光芒狀，中期半月痕

開始縮小，後期半月痕逐漸減少並消失。

（3）半月痕面積。半月痕面積小於指甲1/5則表示精力不足、腸胃吸收能力差。如半月痕突然晦暗、縮細、消失，往往會患有消耗性的疾病、腫瘤、出血等。小孩子沒有發育之前，是沒有半月痕的。成人夜生活、性生活過多，半月痕也會消失，也很難長出來。半月痕面積大於指甲1/5時，多為心肌肥大，易患心腦血管、高血壓、中風等疾病。

（4）半月痕的顏色。奶白色表示正常，這類人精力強壯，體質好，身心健康。灰色表示精弱，影響脾胃消化吸收功能的運行，容易引起貧血，疲倦乏力。粉紅色且與甲體顏色分不清，表示臟腑功能下降，體力消耗過大，容易引起糖尿病、甲狀腺機能亢進等病症。紫色容易引起心腦血管血液循環不良，供血供氧不足，易頭暈、頭痛、腦動脈硬化。黑色多見於嚴重的心臟病、腫瘤或長期服藥引起藥物和重金屬中毒。

（5）半月痕與五指關係。①拇指半月痕關聯肺脾，呈粉紅色時，表示胰臟機能不良，容易感冒、反覆感冒、疲勞，嚴重時易患糖尿病。②食指半月痕關聯腸胃，呈粉紅色時，表示胃、大腸循環不良，食欲自然減退。③中指半月痕關聯心腦、神志，呈粉紅色時，表示精神過度緊張，易頭暈、頭痛、思路不清、腦漲、失眠、多夢。④無名指半月痕關聯內分泌，呈粉紅色時，人體易有不舒服感，女性會得月經不調等。⑤小指半月痕關聯心腎，小指一般無半月痕，出現半月痕時，多為熱證，呈紅色時，易患嚴重的心臟病。

Q 65.指甲表徵變異預示什麼病變？

A 答：（1）指甲兩端出現凹凸不平。可能是體內缺鐵或貧血、冠心病、甲狀腺機能衰退或營養不良的徵兆。

（2）指甲厚而扭曲。可能是黴菌感染、牛皮癬、維生素缺乏症、動脈硬化等。

（3）指甲看起來圓圓的、像湯匙反面一樣，可能是慢性感染、慢性肺病、心臟病、肺癌以及先天性心臟病等。

（4）指甲邊緣部分塌陷。可能是甲狀腺機能衰退或甲狀腺機能亢進、髓細胞瘤、貧血症、肺癌或糖尿病的徵兆。

（5）指甲脫落。可能是熱病、嚴重的糖尿病、神經過度緊張、肺炎、牛皮癬或是對藥物產生排斥的跡象。如果指甲容易斷裂剝落，若排除黴菌感染，則要小心甲狀腺機能亢進、糖尿病、缺鐵等。

（6）指甲下出血。是微血管破裂造成，可能是身體內部受到創傷。

（7）幾個指甲上同時出現白色橫線。可能是身體對某種藥物產生了排斥反應，也可能是新陳代謝紊亂、腫瘤、結核病或瘧疾等傳染性疾病、腎臟疾病或心血管疾病的徵兆。

（8）指甲前端出現粉色帶。可能是肝硬化或是心臟供血不足。

（9）指甲顏色改變。指甲顏色變黃、變薄且生長明顯緩慢，有可能營養不良或患上哮喘、結核病、支氣管炎等疾病；指甲如果顏色偏紫，則可能是血液循環不好，青少年要注意風濕性心臟病，老年人則要小心肺氣腫、肺心病等；指甲變黑或出現不規則的黑點，有的還伴有紋狀凹陷，極有可能是慢性腎病或腫瘤

的信號；指甲發白多見於肝病、貧血、慢性腎炎，如果是霧狀小白點，兒童可能是寄生蟲，成人則可能是內分泌系統疾病或缺鈣。甲紋若呈串珠狀改變，是類風濕性關節炎的特徵。

（10）指甲上有淺窩、較大凹槽或者彎曲的印跡。預示患有黴菌病或牛皮癬。

Q 66.手腳冰涼可能預示什麼病變？

A答：下肢距心臟最遠，局部血流相對緩慢，冬春季節，尤其是停止活動時，下肢特別是腳部便感到寒冷，這是正常生理現象；但有的人即使氣候並不太冷，鞋的保暖作用也很好，仍感下肢寒冷、麻木，這種異常的下肢冷，很可能是疾病引起的。

（1）糖尿病。糖尿病併發周圍神經病變，導致神經末梢循環不良使四肢發涼。特點是手足（尤其是關節部位）冰冷、麻木、麻刺，有腓腸肌觸痛，四肢可出現以鈍性、燒灼性、刺痛等為主的疼痛。

（2）血栓閉塞性脈管炎。發病初期，大多表現為受寒後感到足部發冷、麻木、疼痛；走路時小腿痠脹、乏力或抽搐，若病情逐漸加重，可表現為間歇性跛行、患肢發涼、怕冷、麻木、疼痛加劇，尤以夜間為甚。

（3）閉塞性動脈硬化症。主要是下肢血管硬化，發病年齡偏大，早期症狀為患肢發冷、麻木感以及間歇性跛行，隨後可見患肢皮膚蒼白、觸覺減退、溫度減低、肌肉萎縮、趾甲增厚變形等，嚴重者可引起腳趾潰瘍與壞疽。患者常可伴有其他部位（如眼底動脈、腦動脈、冠狀動脈等）的動脈硬化。

（4）雷諾病。又稱肢端動脈痙攣症，是血管神經功能紊亂

引起的肢體末端的小動脈痙攣性疾病，女性年輕者多見。發作時呈對稱性肢端小動脈陣發性痙攣，可出現肢端冰涼、蒼白、發紺、潮紅以及麻木或針刺等異常感覺，通常因寒冷刺激或情緒激動所誘發，嚴重者可引起肢體營養障礙或潰瘍。一般冬季症狀較其他季節更明顯。

（5）心血管疾病。患者出現血液量減少，血紅素及紅血球偏低或者血管梗阻時，導致手足發涼，同時可伴有心累、頭暈、心動過緩、心律不整等症狀。

（6）其他疾病。如果在手腳冰涼的同時，還出現以下症狀，就應當引起注意了：掉頭髮或是記憶力衰退，可能意味著甲狀腺功能減退；麻木或有刺痛感，說明身體缺乏維生素B_{12}。但如果同時出現疼痛、灼熱，或是手指和腳趾發白，則可能意味著外周血管病變（動脈痙攣）等更嚴重的病情，應當及時就醫。此外，無脈症（大動脈炎）、貧血、低血壓、風濕性關節炎等患者以及女性在經期和產期，由於體虛也常會引起手足冰涼。

Q 67.坐姿與健康有什麼關係？

A答：（1）頸椎病。長期不良的坐姿或長久停留在電腦前，最容易造成頸項肌的疲勞，引起頸肩痛、項肌痙攣，甚至出現頭暈目眩，久而久之出現頸椎間盤退行性變，導致頸椎病。因此操作電腦時要確保坐著時整個腳掌著地，經常伸展腿部並改變腿的姿勢，要經常站起來離開工作桌稍微走動和經常改變腿部的位置，使人整個放鬆一下。

（2）腰椎病。由於久坐或坐姿不良，或總是固定一個姿勢而使得腰部軟組織長久處於張力狀態、軟組織缺血而產生腰肌勞

損。因此盡量減少坐的時間，或坐一會兒變動一下姿勢、站起來活動一下，中途可做一下腰部按摩。

（3）尾骨受傷。如果尾骨隱隱作痛，有時接連兩三天都坐立難安，可能是尾骨受傷。尾骨疼痛的症狀包括尾骨附近有壓痛點或腿痛現象。長久坐姿不正確，壓迫尾骨神經，即可造成尾骨受傷而疼痛。平時保持良好的坐姿，減輕對脊椎的壓迫，多運動，可減少尾骨受傷的機會。

（4）屁股「生繭」。屁股「生繭」即臀部長出硬疙瘩，並隱隱作痛，即坐骨結節性囊腫。

（5）肌肉痠痛。久坐可使體內攜氧血液量減少，氧分壓降低和攜二氧化碳血液量增多，二氧化碳分壓升高，引起肌肉痠痛、僵硬、萎縮。建議需要久坐的人，一次不要連續超過8小時，工作中每隔2小時應進行一次約10分鐘的活動，或自由走動、或做操等。

（6）食欲不振。久坐缺乏全身運動，會使胃腸蠕動減弱，消化液分泌減少，日久就會出現食欲不振、消化不良以及脘腹飽脹等症狀。

（7）坐姿異常會引起各種疾病。如果坐下時，只有兩手扶在膝蓋上、保持機械式端坐姿勢或扶持床邊才感到舒服，為心臟過度疲倦表徵。若兩腳靠近直立閉眼，身體就大幅度晃動，為小腦或脊髓功能可能出現異常表徵。若體位變化頻繁，輾轉反側，坐也不是，臥也不是，可能有膽石症、腸絞痛等隱患。

🌱四、胸、肺、心、血管部分

Q 68.胸痛預示什麼病變？

A 答：（1）胸壁疾病。肋軟骨骨膜炎常發生在第2～4肋軟骨和肋骨前下緣，局部常有疼痛和壓痛，發病的肋軟骨腫脹隆起，疼痛可隨深呼吸、咳嗽和上肢運動加重。若胸痛呈觸電樣陣痛，則可能是肋間神經痛。

（2）呼吸系統疾病。急性支氣管炎或支氣管肺炎，除咳嗽、咳痰，同時還可伴有胸骨後緊迫感或疼痛感；胸痛伴有咳嗽、咳痰、咯血，常見於肺結核、支氣管擴張及支氣管癌等；如果胸痛隨著咳嗽或呼吸加重，疼痛又局限在一側胸部時，多為胸膜炎；胸部持續性劇痛，伴乾咳，有時痰中帶血者，患肺癌的可能性較大；胸痛伴有呼吸困難、血痰咳嗽，可見於肺栓塞；胸痛伴有發熱，並有相關的胸部徵兆，可見於膿胸、大葉性肺炎、結核性胸膜炎。

（3）循環系統疾病。心絞痛或急性心肌梗塞發作時，常以突然劇烈胸痛為特徵。中老年人若因情緒激動、過度用力或飽餐後發作胸痛，在左前胸發生壓榨性疼痛，而且伴有胸悶、窒息感，輕者經休息、重者經含服硝酸甘油片可逐漸緩解的，應考慮為心絞痛；如含硝酸甘油片疼痛仍不能緩解，而且疼痛劇烈，持續時間較長，尤其伴有噁心、嘔吐時，則應警惕發生心肌梗塞；老年高血壓病人突然發生劇烈胸痛，疼痛放射到背部、腰部，伴有大汗淋漓的，如果心電圖沒有心肌梗塞表現，應考慮有主動脈夾層動脈瘤的可能。

（4）消化系統疾病。主要是食道炎和胃炎，吞嚥時可有胸骨後疼痛或上腹部疼痛。有些人習慣將胃部所在的位置稱之為心

窩，將胃痛說成是胸痛，說「心口難受」，其實是胃部不適，「心口難受」有時是心因性猝死的唯一重要的先兆症狀，故尤需引起警惕，以免發生意外。

（5）帶狀疱疹和外傷。胸部皮膚上出現密集米粒大的水疱，沿肋間神經分布但不越過中線，且有針刺或火燒般疼痛，多見於肋間神經感染病毒引起的帶狀疱疹。外傷引起的胸痛，多位於外傷的部位。

（6）癌症。癌腫轉移到肋骨，可出現劇烈難忍的胸痛和局部壓痛。白血病，特別是急性白血病患者，胸骨壓痛更是重要的徵兆之一。胸痛伴有消瘦、吞嚥困難，吞食食物時有阻塞現象，且阻塞物似乎有逐漸下降的趨勢，可見於食道癌。

Q 69.乳房疼痛預示什麼病變？

A答：許多女性經常感到乳房脹痛，女性主要有6種類型的乳房脹痛。

（1）青春期乳房脹痛。一般在9～13歲時發生，初潮後，脹痛會自行消失。

（2）經前期乳房脹痛。許多女性在月經來潮前有乳房脹滿、發硬、壓痛的現象，重者乳房受輕微震動或碰撞就會脹痛難受，這是由於經前體內雌激素分泌量增高，乳腺增生，乳房間組織水腫引起的，月經來潮後，上述變化可消失。

（3）孕期乳房脹痛。一些婦女在懷孕40天左右的時候，由於胎盤、絨毛大量分泌雌激素、孕激素、催乳素，致使乳腺增大，而產生乳房脹痛，重者可持續整個孕期，不需治療。

（4）產後乳房脹痛。產後3～7天常出現雙乳脹滿、硬結、

疼痛，這主要是由於乳腺淋巴瀦留、靜脈充盈和間質水腫及乳腺導管不暢所致。

（5）人工流產後乳房脹痛。這是因為妊娠突然中斷，體內激素分泌量驟然下降，使剛剛發育的乳房突然停止生長，造成乳腺塊及乳房疼痛。

（6）性生活後乳房脹痛。這與性生活時乳房生理變化有關。性欲淡漠或者性生活不和諧者，因達不到性滿足，乳房充血、脹大不易消退，或消退不完全，持續性充血會使乳房脹痛。

如果脹痛長時期沒有緩解，甚至越來越嚴重，或者觸摸乳房時，發現有凹凸不平、邊緣不清楚、活動度差的腫塊時，則應及早去醫院檢查診治。

Q 70.氣短是心臟有病嗎？

A 答：氣短的原因可分為器質性和生理性兩種。

（1）器質性氣短。①過去有過肺部疾病，雖已治癒，但肺部功能受到影響，常感覺吸氣不足，呼吸費勁，這是由於肺組織彈性減弱及小支氣管狹窄，肺部的呼吸面積減少所致。②心臟功能較差。肺部吸進氧氣、排出二氧化碳都是透過心臟泵到肺部的血液完成的，如果心臟功能不好，泵出的血量不足，就會出現氣短。這種氣短的特點是工作時加重，休息時緩解或不出現，仰臥位時加重，坐位時減輕。③有的慢性病病人也會出現氣短，如患重度貧血和糖尿病的患者等。

（2）生理性氣短。也叫一過性氣短，生理性氣短與心臟沒關係，引起這種短暫氣短的原因有：　①吸氣中樞出現了抑制現象。正常人體透過肺部均勻的一呼一吸完成氧氣和二氧化碳交

換，但有時由於二氧化碳在肺部的積聚，刺激吸氣中樞的興奮，使吸氣加劇，產生短暫的深吸氣，隨之出現長出一口氣的現象，這是正常的生理現象。②人伏案工作時會因低頭呼吸，出現憋氣和氣短現象，當抬頭挺身解除壓抑時，則會出現深吸一口氣的補償現象。③全神貫注、精力高度集中地工作學習時，若坐姿不好可致呼吸長時間處於淺表狀態，致使肺泡換氣不足。這時深吸一口氣，是對淺表呼吸的補償，是正常的。④腹部脂肪較多的肥胖者，橫膈膜上下活動受限制，影響肺呼吸功能，易出現氣短現象。⑤還有的人常思慮過度、悶悶不樂、情緒不好，這種狀態可抑制呼吸中樞，當呼吸中樞恢復正常時就會不自覺地深吸一口氣，這是大腦興奮和抑制間的補償。

（3）老人氣短需警惕某些疾病。①睡眠時喜歡把枕頭墊高，又常被氣短、胸悶憋醒，有突然發作的夜間呼吸困難，這是左心衰竭的典型症狀。②如果稍一活動就咳嗽、氣短、無力，有痰但不易咳出，這是肺氣腫、慢性支氣管炎、支氣管擴張、支氣管哮喘、肺結核等慢性呼吸道疾病的表現，應及早就醫並及時控制感染。③常感胸部憋悶、氣短，這就是冠狀動脈供血不足的表現，最好及時到醫院做心電圖檢查。④突然出現了劇烈胸痛、氣短，又見病側胸部外廓膨隆，肋間增寬，輕輕拍打出現擂鼓樣聲響，此時可能發生了自發性氣胸，要盡快就醫。⑤如出現氣短、咳嗽、咯血等症，可能是發生了肺栓塞，如不及時搶救可能會危及生命。

Q 71.老人氣短預示什麼病變？

A答：氣短是很多老人常出現的症狀，他們往往並不在意。有

很多時候，氣短是疾病信號，不能大意。特別是在伴隨氣短的其他症狀出現時，一定要及時到醫院就診。

（1）左心衰竭。睡眠時喜歡把枕頭墊高、又常被胸悶憋醒、有突然發作的夜間呼吸困難，這是左心衰竭的典型症狀。

（2）呼吸道疾病。如果稍一活動就咳嗽、無力，有痰但不易咳出，這是肺氣腫、慢性支氣管炎、支氣管擴張、支氣管哮喘、肺結核等慢性呼吸道疾病的表現，應及早就醫並及時控制感染，以免導致呼吸衰竭。

（3）冠狀動脈供血不足。如果老人常感胸部憋悶氣短，這就是冠狀動脈供血不足的表現，最好到醫院作心電圖檢查。

（4）自發性氣胸。突然出現一側劇烈胸痛、氣短時，要仔細觀察，如見病側胸部外廓膨隆、肋間增寬，輕輕拍打出現擂鼓樣聲響，此時可能發生了自發性氣胸，要盡快就醫。

（5）肺栓塞。如出現氣短、咳嗽、咯血等症狀，可能是發生了肺栓塞，如不及時搶救可能會危及生命。

（6）肺癌、晚期肺結核、矽肺、各類心血管疾病都可能有氣短的症狀。

Q 72.咳嗽預示什麼病變？

A 答：咳嗽是一種保護性反射動作，可將呼吸道過多的分泌物或異物咳出體外。從咳嗽聲中可以辨別疾病。

（1）咳嗽的頻度。單發性咳嗽即微咳，多見於咽喉炎、氣管炎、早期肺結核和吸菸者；連續不斷的咳嗽，多見於慢性氣管炎、支氣管擴張或肺結核伴空洞形成者；發作性咳嗽，常見於百日咳、支氣管哮喘、支氣管結核、支氣管肺癌等。異物吸入引

起的咳嗽，往往還伴有憋氣、呼吸困難和三凹症。連續不斷地咳嗽，則要考慮支氣管擴張、慢性氣管炎或肺結核伴有空洞等疾病的可能。肺癌的症狀有咳嗽、呼吸困難、胸痛、食欲下降和咯血等。

（2）咳嗽的時間。發生在白天的咳嗽，多見於支氣管及肺部炎症；發生在夜間的咳嗽，常見於肺結核、百日咳、心力衰竭、支氣管哮喘；清晨或夜間咳嗽加劇，則以支氣管擴張及慢性支氣管炎居多；夜間咳嗽加劇，常見於支氣管哮喘、肺結核、百日咳和心力衰竭；夜間突然發生咳嗽、氣急，使患者從睡夢中驚醒，應考慮到左心衰竭；一些老人夜間會突發嗆咳，是心臟功能衰竭的一種危險信號；咳嗽、吐痰連續2年以上，每年連續3個月以上者，多見於慢性支氣管炎；乾咳伴午後發熱、兩顴潮紅者，多見於肺結核；咳嗽或伴憋喘，每遇刺激性氣體而發者，多見於過敏性咳嗽。

（3）不同聲調的咳嗽。咳嗽聲短促，多見於肺炎和胸膜炎；較微短促的咳嗽，常見於肺結核病初期；咳嗽聲猶如破竹，多見於急性喉炎或白喉；痙攣性陣咳，常見於百日咳和氣管異物；犬吠樣咳嗽，常見於假聲帶腫脹、主動脈弓瘤、縱膈腫瘤等；嘶啞性咳嗽往往是聲帶炎或縱膈腫瘤侵犯喉返神經；無聲性咳嗽則多見於聲帶水腫及全身極度衰竭的病人；痙攣性陣咳見於百日咳和氣管異物。咳嗽伴胸痛難忍進行性加重，聲調高如金屬聲者，多見於肺癌。

Q 73.痰液性狀異常預示什麼病變？

A答：健康人很少咳痰，多在清晨起床後吐一口痰，如痰量

少，色澤清而透明，表示呼吸道新陳代謝正常。若痰的色澤、性狀等發生變化，就是疾病的象徵。

（1）黏液性痰。白色或淡白色透明的黏液狀，痰量多，較黏稠，有泡沫。多見於上呼吸道感染、急性支氣管炎、慢性支氣管炎及肺炎早期。

（2）黏液膿性痰。淡黃色塊狀，常見於感冒、支氣管炎或肺炎恢復期。

（3）漿液性痰。稀薄透明，痰量多，帶泡沫狀，易咳出，多見於無嚴重合併感染的支氣管擴張。

（4）漿液膿性痰。以晨起最多，痰分三層，上層呈泡沫膿塊，中間為稀薄漿液，下層是混濁的膿渣和壞死物質，多見於合併感染的支氣管擴張。

（5）膿性痰。黃色或黃綠色黏稠的塊狀或不透明的膿液狀，如有發熱、胸痛、呼吸困難等症，可能是肺膿瘍。

（6）血性痰。痰中帶有血絲或血塊。血性泡沫樣痰，多見於肺水腫；黑色血痰，為肺栓塞表徵；痰中帶鮮紅血絲，多見於咽部炎症或是肺結核、支氣管擴張；長期痰內帶血絲且伴有胸痛、消瘦、乏力、乾咳少痰，要提防肺癌；清晨第一口痰中帶有血絲或小血塊，且伴有鼻塞、鼻腔出血、頸部淋巴腺轉移等，要警惕鼻咽癌。

Q 74.痰液顏色異常預示什麼病變？

A 答：（1）白色痰。可見於肺炎或支氣管炎，多由白色念珠菌引起。

（2）黃色或黃綠色痰。痰液中含大量膿細胞，表示有繼發

感染，常見於葡萄球菌感染引起的肺炎和支氣管炎。

（3）粉紅色痰。多見於急性肺水腫，如果在打點滴速度過快時出現這種痰，有生命危險。

（4）紅色或紅棕色痰。為痰中有血液或血紅蛋白存在現象，常見於肺部或支氣管疾病，其他如肺癌、肺結核、支氣管擴張、急性肺水腫、肺炎等。

（5）棕色痰。可能是心臟病患者肺部有慢性充血或肺部出血後含有變性血液表徵。棕褐色痰見於阿米巴肺膿腫、肺瘀血。

（6）鐵鏽色痰。常見於大葉性肺炎、急性肺炎初期和肺吸蟲病。

（7）巧克力色痰。表示可能患了阿米巴痢疾。

（8）綠色痰。常見於黃疸、乾酪性肺炎、肺部綠膿桿菌感染。

（9）黑色或灰色痰。表示痰液內含灰塵、煙塵或煤塵，多見於煤礦、鐵爐工人或大量吸菸者。

Q 75.血液顏色異常預示什麼病變？

A 答：（1）血液鮮紅。是無疾病的徵象，健康人的血液之所以是紅色，是因為紅血球含有大量的血紅蛋白，血紅蛋白與氧結合，就呈鮮紅色。

（2）血液暗紅。提示血液中接受的二氧化碳超過含氧量，處於輕度缺氧狀態。

（3）血液淡紅。是貧血的表現。健康人每100CC血液中的血紅蛋白男性為12～16公克，女性為11～15公克，若低於這個標準，就是貧血。含量越低，貧血越嚴重，此時血液呈淡紅色。

（4）血液呈櫻桃色。十有八九是瓦斯中毒。瓦斯中毒病人，血液蛋白與一氧化碳結合成碳氧血紅蛋白，失去了攜氧能力，造成機體缺氧。當碳氧血紅蛋白達到30%～40%時，不僅血液呈櫻桃紅色，且顏面、前胸和大腿內側皮膚亦呈櫻桃紅色。

（5）血色暗紫。可能是患了重度肺氣腫、肺因性心臟病、發紺型先天心臟病等。

（6）血液呈棕色或紫黑色。多半發生亞硝酸鹽中毒或是腸因性紫紺症，當大量進食含硝酸鹽較多的鹹菜或變質的剩菜後，腸道細菌會把硝酸鹽還原為亞硝酸鹽，亞硝酸鹽是氧化劑，能奪取血液中的氧氣，使血紅蛋白失去攜帶氧氣能力，從而造成組織缺氧，低鐵血紅蛋白變成高鐵血紅蛋白，使血液顏色變成棕色或紫黑色。

（7）特殊地域的人也呈現異樣的顏色，如智利6,000公尺的高山部落人的血液呈藍色。

Q 76.不同血型與疾病有什麼關係？

A 答：血型提供輸血和受血依據，血型是最穩定的遺傳性狀之一，由於人體免疫也受遺傳因素的影響，故人是否患病，患什麼疾病與遺傳因素有著密切關聯。臨床研究證實，不同血型的人，各種疾病的發生率也不同。

（1）A型。A型血的人身體較為靈巧，忍耐力較強，平時不容易生病，女性在容貌上比其他血型的人更顯年輕。易患胃癌、肉瘤、食道癌、舌癌、偏頭痛和心血管疾病。與腦血管疾病較有關聯，尤其是腦栓塞，為各血型之首。A型血的人幾乎沒有對天花的免疫力，較易招致蚊蟲叮咬。

（2）B型。B型血的人，動作靈活性頗佳，創造力強，具有好勝心，在疾病方面，抗癌能力最強，很少患B型肝炎。患結核病、口腔癌、乳癌和白血病的比例普遍高於其他血型的人。

（3）O型。O型血的人，多具有較佳體質，神經系統高度集中能力較強，雖然平常較易生病，平均壽命明顯較長，最易患B型肝炎，且病情較重。易患前列腺癌、膀胱癌、妊娠中毒症和新生兒溶血病，易神經過敏，常有腸胃疾患，最少患心血管疾病。

（4）AB型。AB型血的人則有很高的機體免疫力，個性較冷靜沉著，神經反應較敏捷，患精神分裂症高出其他血型，具有明顯遺傳傾向，缺血性心臟病也居多，很少患結核病和妊娠貧血。

Q 77.脈搏透視哪些健康資訊？

A答：在安靜的狀態下，成人脈搏平均約為72次/分。一般說來，每分鐘60～90次都屬於正常範圍。經常運動的人，心臟收縮力增強，心臟容量加大，因此脈搏在安靜時可以減少到60次/分以下。

脈搏異常有以下幾種表現：

（1）脈搏增快。成人脈搏在100次/分鐘以上，常見於發熱、貧血、冠心病、甲狀腺機能亢進等。

（2）脈搏減慢。成人脈搏在60次/分鐘以下，常見於房室傳導阻滯、顱內壓增高等。

（3）脈律不整。脈搏快慢不一，多見於心臟疾病（如心房纖顫等）。

（4）脈微欲絕。脈搏十分微弱，大出血、病情危重時多見。

（5）交替脈。為一種節律正常而交替出現的一強一弱脈搏，這是心臟的收縮一強一弱交替出現的結果，它的出現常表示有心肌損害，可見於高血壓性心臟病和冠狀動脈硬化性心臟病。

（6）體溫與脈搏增加不同步。高熱患者體溫每升高1℃，脈搏可增加10次左右。如體溫很高，脈搏卻不快或增快很少，應注意檢查是否患了傷寒病。

（7）運動時心率不加快。人在運動時心跳會加快，運動量越大，心跳越快。如果運動時心率增加不明顯，則可能是心臟病早期信號，預示著今後有心絞痛、心肌梗塞和猝死危險。

（8）偶發心跳過快。很多人並沒有心臟病史，有時候心跳會突然一下子加速到每分鐘160次甚至200多次，但三、五分鐘後會自動恢復正常，這是陣發性室上性心動過速，存在潛在風險：心跳過快時腦供血差、低血壓的人可能會發生昏厥，甚至引起心力衰竭，危及生命。另外在運動過量、過度疲勞、缺氧、焦慮等情況下，都有可能發生心動過速。

（9）心跳過慢。心跳過慢是指心跳每分鐘60次以下，亦稱心動過緩。長期從事體力工作或體育鍛鍊的人，其心跳每分鐘在50次左右屬於正常現象。老人若是出現心動過慢，應警惕患有高血壓性心臟病、冠心病、心肌炎、心肌病等。

（10）心「怦怦」跳。又稱為心悸，大多數的心悸都是良性、短暫的，多做幾次深呼吸，舒緩一下自己的情緒，充分休息，就可以消除心悸。排除上述因素後，仍然感到心悸，那就有可能發生心臟病了，應盡快看醫生以明確診斷。

Q 78.心臟房顫預示什麼病變？

A 答：心房顫動簡稱房顫，是一種十分常見的心律失常。據統計，60歲以上人群中，房顫發生率為1%，並隨年齡而增加。

（1）病因。房顫的發作呈陣發性或持續性。陣發性房顫可見於正常人，在情緒激動、手術後、運動或急性酒精中毒時發生。心臟與肺部疾病患者發生急性缺氧、高碳酸血症、代謝障礙或血流動力學紊亂時亦可出現房顫。持續性房顫發生於原有心血管疾病患者，常見於風濕性心瓣膜病、冠心病、高血壓心臟病、甲狀腺機能亢進、縮窄性心包炎、心肌病、感染性心內膜炎、心力衰竭以及慢性肺因性心臟病等。房顫發生在無已知心臟病變基礎者，稱為孤立性房顫。

（2）臨床表現。房顫症狀的輕重受心室率快慢的影響。心室率超過每分鐘150次，病人可發生心絞痛與充血性心力衰竭。心室率慢時，病人甚至不覺察其存在。房顫時心房收縮消失，心排血量減少達25%或以上。房顫有較高的發生體循環栓塞的危險。栓子來自左心房或心耳部，因血流淤滯，心房失去收縮力所致，無心瓣膜病者合併房顫，發生中風的機會較無房顫者高5～7倍。二尖瓣狹窄或二尖瓣脫垂合併心房顫動時，腦栓塞的發生率更高。

Q 79.心慌、早搏預示什麼病變？

A 答：心慌、心跳過速或心臟突然有絞痛感等都是心臟早搏症狀，心臟早搏是指心臟在固有搏動節律基礎上，提前發生的收縮活動。它不是一種獨立疾病，而是一種症狀，屬於心律失常的一

種。所有人都可能出現，只不過有人是正常的生理現象，有人則需要治療。

（1）生理性早搏。又稱為功能性早搏，是指早搏的出現大多為偶發性的，且往往在過度勞累、情緒激動、長期失眠、腹脹、消化不良、酗酒、喝濃茶和咖啡後誘發。這種早搏的特點是運動後可使早搏減少或消失，多見於中青年，對人體無害，預後良好。因此，又稱為良性早搏。生理性早搏也可與體位改變有關，如臥位時容易引起早搏，不少早搏病人與自主神經功能紊亂有關，近年來，發現有左室假腱索者與室性早搏的發生也有一定的關係，上述各種原因引起的良性早搏，可不必介意，一般在消除原因或用鎮靜劑治療後可減少。部分良性早搏並無原因可查，也可呈二聯律而持續多年，發生年齡大多在40歲以下，一般情況良好，各人症狀輕重不一。用各種抗心律失常藥物治療，效果並不滿意，可能屬於一般特發性良性早搏，一般不需要治療。如果發生年齡在40歲以上，則應警惕有隱匿性冠心病的可能。

（2）病理性早搏。又稱為器質性早搏，是指由於某些疾病影響心肌而出現的早搏，如小兒先天性心臟病、青少年的病毒性心肌炎、風濕性心臟病，中老年人的冠狀動脈粥狀硬化性心臟病、高血壓性心臟病、肺因性心臟病、心肌炎後遺症等。這種早搏往往在運動後增多，且持續時間較長，或呈反覆頻繁出現，常伴有心悸、胸悶等其他症狀。此外，服用某些藥物（如毛地黃、奎尼丁等）、電解質平衡紊亂（如低鉀血症、低鎂血症）、酸中毒等也可引起這種早搏。

一般認為，病理性早搏特別是惡性早搏，伴有明顯心悸、胸悶、頭暈等症狀，心功能較差，有器質性心臟病、早搏頻繁出現，每分鐘在6次以上，活動後早搏明顯增加，對這種頻繁的早

搏，特別是室性早搏呈二聯律、多源性室性早搏，更為嚴重的舒張早期室性早搏，即使無症狀也必須及早治療。

🦢 五、腰、腹、內臟、消化部分

Q 80.飯後感覺異常預示什麼病變？

Ａ答：多為消化道疾病的徵兆，但往往由於症狀不明顯，容易被人忽視。所以，應該從飯後一些不明顯的症狀中，學會自檢，早發現早治療。

（1）胃炎或潰瘍。食後不久便有饑餓感，同時上腹隱痛，吐酸水，可能有早期胃炎或潰瘍；吃東西不當或受涼後發生腹痛、腹瀉，可伴有嘔吐、畏寒發熱，可能是急性腸胃炎、急性痢疾；飯後上腹痛，或有噁心、嘔吐、積食感，症狀持續多年，常在秋季發作，疼痛可能有節律性，於受涼、生氣，或吃了刺激性食物後誘發，可能是胃潰瘍。

（2）胃下垂。食後腹脹加重，平臥時減輕，經常氣短，有時便祕或腹瀉，軀體較為瘦弱者，很可能患有胃下垂。

（3）十二指腸潰瘍或炎症。常常於飯後2小時胃痛，或在饑餓時出現胃痛，或半夜痛醒，進食後可以緩解，常有反酸現象。

（4）膽囊炎或膽結石症。進食油膩食物後，如果感到右上腹脹痛，並放射到肩部者，很可能患有膽囊炎或膽結石症。有膽道疾病的人，胰臟「自殘」成胰臟炎。引起該病的誘因包括暴飲暴食和酗酒，因此，切忌暴飲暴食，避免一次進食過量的高脂肪、高蛋白食物，更不要酗酒。急性胰臟炎往往不是就餐時馬上發生，而是飽餐之後的當晚或第二天才發生。

（5）癌症。中老年人無其他病因引起的食後上腹飽脹、食

欲減退、進行性消瘦，可能是胃癌的早期症狀；飯後腹部脹痛，常有噁心、嘔吐，偶會嘔血，過去有胃病史近來加重，或過去無胃病史近期才發，且伴有貧血、消瘦、不思飲食、在臍上或心口處摸到硬塊，則考慮為胃癌；進食時有胸骨後受阻、停頓、疼痛感，且時輕時重，提示可能有食道炎、食道憩室或食道早期癌。

（6）糖尿病。食欲旺盛，甚至亢進，越吃越想吃，進食後常感口乾，平時飲水多，小便亦多，但體重減輕、消瘦，這是糖尿病特有的症狀。

Q 81.嘔吐、打嗝、反酸等可能預示什麼病變？

A 答：噁心、嘔吐的原因較多，一般可根據其表現特徵進行自我診斷，並採取相應的處理辦法。

（1）胃因性嘔吐。先有噁心而繼發嘔吐，嘔吐後感到胃內輕鬆，多為胃因性嘔吐。這種噁心嘔吐若伴有胃脹，呃酸腐氣，多為進食過量而導致的消化不良，只需控食靜養，不必特殊處理；若伴有胃痛，多為急性或慢性胃炎引起；若伴有劇烈腹痛及腹瀉者，應考慮為食物中毒。

（2）中樞神經性疾病致嘔吐。無噁心而嘔吐，嘔吐呈噴射狀，胃內容物急劇而有力地噴出，頑固性發作，嘔吐後胃內不覺輕鬆，多為中樞神經性疾病引起顱內壓增高所致。這種嘔吐常見於腦炎、腦膜炎、腦腫瘤、腦出血等疾病。持續性高熱也可引起此類嘔吐，這種嘔吐患者應去醫院確診，再尋因治療，切勿單純自用止吐藥。

（3）腹腔內臟器急性炎症致嘔吐。噁心頻頻發作，時見嘔吐，嘔吐物中混有膽汁，吐後不見輕鬆，甚至胃中已排空仍乾嘔

不止者,為反射性嘔吐。這種嘔吐常見於腹腔內臟器急性炎症,如膽囊炎、胰臟炎和病毒性肝炎等。對突然急性發作的這種嘔吐,應及時送醫院診治。

(4)胃神經官能症致嘔吐。無噁心表現而反覆出現嘔吐,嘔吐物不酸腐,量不多,吐後不影響進食者,與精神因素有關。這種嘔吐常見於胃神經官能症,可採用深呼吸方法止吐。

(5)運動病或梅尼埃病致嘔吐。噁心、嘔吐伴有眩暈者,多為運動病或梅尼埃病引起。一般可服用鎮靜藥及顛茄類藥物,待眩暈消除,嘔吐即止。

(6)心絞痛致嘔吐。沒有胃病而且飲食正常的中老年人,突然無原因的噁心嘔吐,即使沒有明顯的胸前區疼痛,也要考慮心絞痛的可能。

(7)橫膈膜痙攣收縮導致打嗝。是一個生理上常見的現象,也叫呃逆。大部分打嗝現象都是短暫性的,但也有些人持續地打嗝。進食太快或太多、咳嗽、大笑以及過量飲酒都能引發打嗝。連續打嗝、體重減輕小心食道癌。食道癌患者出現的連續打嗝的情況可能與他們的膈神經有關,膈神經是橫膈膜的運動神經。

(8)胃食道逆流病導致胃反酸。胃反酸是一種偶然發生的現象,但是如果這種現象的持續時間很長,則可能變成胃食道逆流病。胃食道逆流病指的是胃酸朝著錯誤的方向流動,即當食道與胃之間的那扇門未能關好時,胃酸會逆流回食道。胃食道逆流病不及時治療,可以發展成為慢性病,引起更為嚴重的併發症,如潰瘍、食道黏膜出血、食道變窄,甚至引發食道癌等

Q 82.肥胖會帶來什麼疾病？

A 答：人體脂肪積聚過多，體重超過標準體重20%以上即稱為肥胖症。

（1）肥胖導致高血脂症。血脂中游離脂肪濃度升高，膽固醇、三酸甘油酯、血脂等總脂成分普遍增高，血脂代謝紊亂最終將導致動脈粥狀硬化疾病。

（2）肥胖導致冠心病的發生。① 由於脂肪過量增加，引起心臟負荷加重或血壓上升。② 人體能量攝入超量，引起冠狀動脈硬化。③ 肥胖者活動減少導致冠狀動脈側支循環削弱與不足。④ 脂肪沉積於心包膜，影響心臟正常搏動。最終造成心肌缺血、缺氧、嚴重者猝死。

（3）腰圍超標加大心血管病、Ⅱ型糖尿病風險。肥胖人群患糖尿病機率是正常人的4倍，這一比率隨著肥胖程度的增加而增加。腹部脂肪過多堆積影響健康是由於腹腔內部脂肪包圍著主要的內臟器官，能直接影響血糖代謝，引起血脂、膽固醇以及三酸甘油酯異常，因此，測量腰圍就是在測量危險，保持健康的體重和體形都非常重要。

（4）肥胖導致脂肪肝。肝臟是人體內物質代謝的重要器官，由腸道吸收的脂肪在肝內分解轉化再運到組織中去儲存，當人饑餓時，儲存的脂肪就被運到肝臟或其他組織去分解利用。肥胖病人由於長期攝入遠超過機體需要的食物，且肝臟脂肪含量過多，超過肝臟負荷能力，肝內脂肪的分解利用形成障礙，使脂肪在肝細胞內堆積形成脂肪肝，肥胖者都有不同程度的脂肪肝，甚至包括兒童。

（5）肥胖導致癌症。美國癌症協會發現，一個肥胖者，若

體重比同齡人高出10%以上，得子宮內膜癌的機會是正常人的5.5倍，患膽囊癌的機會是正常人的3.9倍，患子宮肌瘤的機會是正常人的2.4倍，患乳癌的機會是正常人的1.5倍。

（6）肥胖導致腦血管病。由於血液中膽固醇濃度的升高，血管壁通透性增強，類脂物質沉積於血管壁，引起血管硬化，血液的黏稠度增高，血小板過多，最終形成腦血栓。

（7）腰圍大的人易失明。與年齡相關的黃斑性退化改變是導致失明的主要誘發因素之一，一個人的腰圍越大，則隨著年齡的增加因黃斑性退化改變而患失明的危險也越高。

（8）肥胖導致甲狀腺功能紊亂、甲狀腺機能減退症。原發性甲狀腺機能減退症及垂體性甲狀腺機能減退症兩類均較胖是由於機體代謝率低下，脂肪運動相對較少，且伴有黏液性水腫。

（9）肥胖導致性功能障礙。女性停經期及多囊卵巢綜合症、男性無睪或類無睪症，往往伴有肥胖症。

（10）肥胖導致膽石症。由於膽囊病變，導致脂肪分解能力降低（膽汁有促進脂肪分解的作用）。

（11）肥胖導致阻塞性睡眠呼吸暫停綜合症。因肥胖導致呼吸系統病變、呼吸道阻塞而出現此類病症，其最大危險因素在於易出現窒息、腦缺氧。

（12）肥胖導致皮膚病。① 色棘皮病：皮膚表面黑色素沉澱，伴明顯丘疹狀物質，此類病變60%以上者伴癌症。② 瘡：因人體表面積增大，血循環較差而導致。肥胖者末梢循環微弱，皮膚抵抗力低，且胖人流汗多，會破壞皮膚免疫力，易患皮炎、濕疹、凍瘡等皮膚病。

（13）肥胖導致婦科病。女性月經週期紊亂，因肥胖易導致內分泌系統功能紊亂而使婦女月經期發生變化，還可能出現多毛

症。

（14）肥胖對青少年的生理影響。主要展現為青少年的生長發育異常、智力障礙、第二性徵的提前或延後、內分泌功能的紊亂。

Q 83.腹痛可以看出身體什麼病變？

A 答：腹痛是各種原因引起的腹腔內外臟器病變而表現為腹部的疼痛。

（1）上腹部痛。通常在肚臍上方、劍突以下的胸口之間，多見於急性胃炎和胃癌。右上腹痛有膽囊炎、膽結石、十二指腸炎、急性肝腫大或泌尿道感染的可能性；左上腹痛要考慮胰臟炎或腎結石；右下腹痛多見於闌尾炎、子宮外孕、輸卵管結石、右側卵巢炎及回盲部長瘤；左下腹痛多見於骨盆腔發炎、卵巢發炎或菌痢、腸炎等結腸疾患；側腹痛則多見於腎結石、急性腎盂腎炎等腎臟疾患。

（2）臍周圍痛。常見於蛔蟲病、腸梗阻等小腸疾患。若痛在肚臍正中央，以小腸發炎和回腸炎居多；痛在肚臍眼下，男性可能是膀胱炎，女性可能是骨盆腔發炎。

（3）先有局部痛而後向整個腹部發展。一般以盲腸、胃、腸、膽囊穿孔而併發的瀰漫性腹膜炎居多，也可見於急性胰臟炎、寄生蟲病等病患，其中以急性腹膜炎最為嚴重，若不緊急處置會對生命構成威脅，所以在發生整個腹部疼痛時，可先將手按壓於腹部之上，再突然迅速離開，若有振動的疼痛反應，則應考慮為腹膜炎，須盡快送醫救治，才不會造成危險。

（4）晚上吃大量食物，尤其是油膩的食物之後誘發的上腹

部疼痛。多見於胰臟和膽囊疾病，這種腹痛常發生在半夜。

（5）暴飲暴食後引起上腹痛。提示有急性胃炎或急性胰臟炎；酒後或寒冷刺激後的腹痛，應考慮胃炎或胃腸平滑肌痙攣；空腹痛見於肥厚性胃炎、十二指腸潰瘍，其特徵是一餓就痛，尤其是上午10、11點、下午4、5點、半夜1、2點特別嚴重，位置在上腹，進食後就好；胃潰瘍疼痛發生在飯後30～60分鐘居多，持續約60～90分鐘；排尿時疼痛要懷疑膀胱炎和膀胱結石可能；若是突然發生的腹痛，有腸痙攣表徵，則以急性闌尾炎、急性膽囊炎的可能性最大。

（6）從年齡看腹痛。小孩腹痛往往是心理作用，與分離、功課壓力有關，也有部分是吃太多或不潔食物引起，若是臍周圍疼痛，以腸蛔蟲病居多；而經常性腹痛則應警惕腸套疊及腸蛔蟲症；二、三十歲的人腹痛常見於胃炎、盲腸炎及長期工作壓力所引起的潰瘍病；三、四十歲的人腹痛以膽結石居多；到了五、六十歲中老年人的腹痛應考慮惡性腫瘤的可能。

（7）女性患者下腹部疼痛。多由內生殖器疾病引起，如子宮外孕、卵巢囊腫扭轉、急性輸卵管炎等；進入初潮期的少女出現不明原因的腹痛，提示有處女膜閉鎖的可能；月經前下腹疼痛多為痛經；若是體型較胖的中年婦女出現右上腹絞痛，即應考慮膽石症的可能。

（8）右上腹部絞痛。多見於膽石症。

（9）燒灼性腹痛。當人體神經—體液調節機制發生障礙時，胃酸分泌會增加，酸性分泌物刺激胃黏膜，就會產生燒心、反酸等燒灼性腹痛，多見於胃、十二指腸潰瘍，這種腹痛具有慢性、節律性、週期性及與飲食有關等特點。

（10）刀割樣腹痛。多見於胃或膽囊穿孔，這種腹痛是由

酸性的胃液或鹼性的膽汁刺激和腐蝕腹膜所致，為了避免上腹部及橫膈過度運動，腹部肌肉會產生強烈的緊縮感，且呼吸既淺又弱，最後發生腹膜炎及休克，須立即送醫院急救。

（11）持續性腹痛。腹痛持續不停，痛的程度可輕可重，常見於炎症及內出血，如急性胰臟炎表現為左上腹持續性腹痛；瀰漫性腹膜炎則表現為滿腹持續性腹痛；持續性腹痛伴有陣發性加劇，為腸梗阻已併發炎症或炎症已併發腸梗阻表徵。

（12）陣發性腹痛。腹痛常突然發生，數分鐘或數小時後慢慢緩解，間隔一定時間又再出現，常見於腹膜內某一器官阻塞不通，如腸梗阻、膽結石、輸尿管結石。

（13）轉移性腹痛。腹痛發病後轉移至不同部位。如急性闌尾炎發病初期上腹部痛，經數小時後即會轉到右下腹痛；再如胃穿孔，初期大部分會有嚴重上腹部疼痛，之後隨著胃內容物流到右下腹，便可引起右下腹部疼痛。

（14）腹部隱痛。腹部沿結腸部位出現局限且間歇性的隱痛，且排便習慣改變，是大腸癌的警訊。

（15）先腹痛而後出現發冷、發熱、黃疸等症狀，常見於膽道結石；腹痛兼腹瀉，多見於腸炎、腸結核，腸炎患者於排便後腹痛可獲減輕；腹痛兼排血便，以痢疾、腫瘤居多；若是嘔吐發生在腹痛之前，則要考慮到急性胃腸炎的可能。

Q 84.急性腹瀉可能是什麼病？

A 答：腹瀉是排便次數比正常多，大便稀薄，甚至如水樣；或者大便中夾有黏液、膿血。以下是幾種較多見的腹瀉病症的自我診治方法，以便在緊急情況下應急自救。

（1）細菌性痢疾。出現發熱、噁心、嘔吐症狀，有下墜感和裡急後重感，左下腹疼痛。糞便呈膿性或膿血樣、黏液狀。也有發高熱不腹瀉的中毒型痢疾。病人多有不潔或不節制飲食史。

（2）食物中毒。分為細菌性、真菌毒素性、動物性、植物性及化學性中毒，但以細菌性食物中毒為多。起病急，噁心、嘔吐、脫水、乏力、腹痛，多為稀水樣便。腹瀉伴隨臍周圍絞痛，多為嗜鹽桿菌食物中毒；左下腹疼痛，多為細菌性痢疾；右下腹疼痛，多為腸結核或阿米巴痢疾；中上腹部疼痛，多為腸胃炎，有同食者往往同時發病的特點。

（3）腸道蛔蟲性腹瀉。肚臍周圍絞痛或隱痛，可伴有輕度腹瀉，瀉後疼痛稍緩，消瘦乏力，驗糞可發現蛔蟲卵。

（4）急性胃腸炎。進食過多過快或冷熱食同進共飲、脾胃功能不良或食用腐敗變質食物都可引發吐、瀉。突然的腹痛和便血，可能是缺血性腸炎。

（5）中暑性腹瀉。久在高溫或通風不良環境下，體溫不易散發所致，由於出汗多，鹽分喪失也較多，常會誘發稀便或神志不清。

（6）腹瀉後腹痛不緩解者多為痢疾；腹瀉後腹痛能緩解者多見於腸炎、腸結核；週期性腹痛，伴隨有痙攣、腹痛及不適感，多為局部性回腸炎；若是腹瀉伴隨腹痛、嘔吐，則以食物中毒或腸變態反應性疾病居多。

（7）腹瀉伴隨裡急後重，多見於直腸或乙狀結腸下段的病變，如直腸癌、細菌性痢疾；腹瀉伴隨腹部腫塊，多見於結腸癌或增殖型腸結核；如觸及肝脾腫大，就要懷疑血吸蟲病的可能；急性腹瀉伴隨發熱等全身症狀，以腸道感染性疾病居多，如食物中毒、沙門菌感染；慢性腹瀉伴隨發熱，常見於慢性細菌性痢

疾、阿米巴痢疾、血吸蟲病、腸結核及結腸癌等。

（8）腹瀉伴隨腹痛、發熱及便血，可能是赤痢、食物中毒、沙門菌感染、阿米巴腸炎、病毒性腸炎；腹瀉伴隨上腹部痛、體重減輕、噁心、黃疸，可能是肝硬化、肝癌、慢性胰臟炎、胰臟癌。

（9）腹瀉伴隨腹痛、黏血便、反覆交替的腹瀉和便祕，可能是潰瘍性大腸末端腸炎；腹瀉伴隨腹痛、食欲不振、體重減輕，反覆腹瀉和便祕、血便，可能是大腸癌、大腸息肉。

（10）緊張、壓力、不安引起的腹瀉，可能是過敏性大腸炎；吃冰冷牛奶、蝦、蟹後引起的腹瀉，可能是過敏性腸炎。

Q **85.慢性腹瀉預示什麼病變？**

A答：慢性腹瀉是消化系統疾病中的一種常見症狀，是指排便次數多於平時，糞便不成形、稀薄、含水量增加；有時脂肪增多，帶有不消化物或含膿血，以上症狀頻頻反覆超過2個月以上者即可稱為慢性腹瀉。

（1）一般消化系統疾病。腹瀉伴有腹痛，多為炎性疾病如腸炎、胃腸炎、痢疾等；腹瀉不伴腹痛，常為非炎症病變如消化不良、功能性腹瀉等；腹瀉伴有消化不良、噯氣、胃脹、胃痛、食欲不振及噁心者，多見於胃部疾病，肝、膽、胰等慢性消化系統病；麵食引起的腹瀉為成人乳糜瀉表徵；乳糖引起的腹瀉為腸黏膜雙糖酶缺乏的乳糖不耐症腹瀉表徵；牛乳引起的腹瀉為結腸過敏表徵；反覆腹瀉，大便蒼白、量多、不易沖掉，上腹部反覆疼痛，應去看消化內科。

（2）潰瘍性結腸炎。女性多於男性，起病可急可緩，症狀

輕重不等，腹瀉係在炎症刺激下，腸蠕動增加及腸腔內水、鈉吸收障礙所致，輕者每日排便三四次，或腹瀉與便祕交替，重者排便次數頻繁，糞便多為糊狀，混有膿血。本病可有結節性紅斑、虹膜睫狀體炎、關節炎等腸道外表現。

（3）糖尿病。糖尿病引起的腹瀉呈頑固性、間歇性，發作時間可為幾天至幾週，間歇期可為數週至數月，腹瀉晝夜均可發生，部分腹瀉病人同時有脂肪瀉。

（4）甲狀腺機能亢進。甲狀腺機能亢進症患者由於腸道蠕動快，消化吸收不良而出現大便頻繁甚至腹瀉，大便一般呈糊狀，含較多未消化食物。

（5）癌症。以腹瀉為首發症狀的肝癌並不少見；腹瀉伴有進行性消瘦者，要警惕消化道的惡性腫瘤、重症肝病、重症腸結核等病及慢性垂體前葉功能減退或腎上腺功能減退，大腸癌多數發生在中年以後，位於左側結腸者常為環狀生長，伴有排便習慣改變，當腫瘤有糜爛、潰瘍、壞死時，可表現為腹瀉、血便和裡急後重，尤其是腫瘤位於直腸者，主要表現為血便、排便次數增多、排便不暢和裡急後重；腹瀉伴發熱者，須注意腸結核、結締組織病、結腸或小腸腫瘤等；面頸部潮紅而有腹瀉，應考慮類癌或交感神經節細胞瘤的可能。

（6）克隆病。又稱節段性腸炎，發病年齡主要在20～40歲，起病緩慢，以腹痛、腹瀉開始，逐漸加重，大便稀或水樣，常無膿血，病變腸段的炎症、蠕動增加及繼發腸道吸收不良是引起腹瀉的主要原因，多為間歇性發作，病程後期呈持續性。

（7）風濕病。某些風濕性患者如許多僵直性脊柱炎病人容易腹瀉。

引起慢性腹瀉的原因還有很多，如腸結核、腸道真菌感染、

慢性細菌性痢疾、藥物等。因此，出現慢性腹瀉不可掉以輕心，應到醫院認真檢查。

Q 86.老年人突然消瘦預示什麼病變？

A 答：人們常說「千金難買老來瘦」，可是如果老人突然有明顯的消瘦，並且有噯氣、反酸、燒心等不適，那可得留意了，這常常是老年人多種疾病的早期信號。

（1）惡性腫瘤。惡性腫瘤早期都會出現不明原因的消瘦。消瘦伴有吞嚥困難者，有食道癌的可能；消瘦伴便血，要注意大腸癌、結腸癌；消瘦且有萎縮性胃炎或胃潰瘍病史，應警惕胃癌；消瘦並於體表摸到腫大的淋巴腺時，要注意支氣管肺癌或淋巴細胞瘤的存在；消瘦伴隱約上腹痛為主要表現的胰臟癌，常被誤認為是胃病，這種病的突出症狀就是體重明顯減輕，甚至能在一個月內體重減輕10公斤以上。消瘦也常常是白血病、多發性骨髓瘤、惡性淋巴瘤、惡性網狀細胞病等造血系統惡性腫瘤的早期症狀。

（2）糖尿病。起病緩慢，病程較長，初期無明顯症狀。由於胰島素分泌不足，引起糖代謝紊亂，血糖、尿糖升高，繼之殃及蛋白質和脂肪代謝，導致體內營養吸收不良，造成形體消瘦。

（3）甲狀腺機能亢進。老年人甲狀腺機能亢進不如年輕人的症狀容易識別，這種病大約有1/3的病人無甲狀腺腫大，1/2以上的病人無明顯症狀，其主要表現就是越來越瘦。

（4）慢性傳染病、老年結核病、慢性肝病等。許多慢性傳染病是造成老年人消瘦的常見原因，由於機體分解代謝加強，消化吸收功能減弱及繼發感染，致使體內營養物質消耗過多，造成

體重明顯減輕。

（5）腎上腺皮質功能減退。有些患此病的老人早期只有瘦的表現，以後才逐漸出現皮膚黏膜色素沉澱等典型症狀和體徵。

（6）胃腸道系統疾病。慢性胃炎、消化道潰瘍、慢性非特異性結腸炎等胃腸道疾病，均可造成老人不能正常進食，消化和吸收功能比較差，導致老年人營養不良而消瘦。

（7）肺結核。早期肺結核病人症狀不甚明顯，除經常「感冒」外，伴有消瘦、低熱是不可忽視的症狀。人的體重減輕2～3公斤是正常現象，如果體重減輕並伴有咳嗽，可能患了肺病或者肺炎。

（8）藥因性消瘦。這種消瘦往往是由於服用一些增強人體代謝的藥物所引起的，如二硝基酚、甲狀腺素等。

Q 87.大便形狀異常預示什麼病變？

A答：（1）大便呈膿性膿血狀。常見於痢疾、潰瘍性結腸炎、結腸癌或直腸癌等。細菌性痢疾以膿及黏液為主，阿米巴痢疾則以血為主，呈稀果醬樣。

（2）大便呈食糜樣。常見於感染性或非感染性腹瀉。

（3）大便呈細條狀、扁平帶狀，表示直腸或肛門狹窄，以直腸腫瘤居多。

（4）大便一側出現橫溝。說明直腸肛門長有贅物，應提防直腸癌的可能。

（5）大便呈溏薄狀。可能為慢性結腸炎。受寒、吃冷食過量，喜吃油膩滑腸之物，也會使大便變軟或溏薄。

（6）大便呈稀水樣。腹瀉者排出的稀水樣爛便，是由於腸

蠕動過快，來不及吸收食物殘渣中的水分導致的，可見於消化不良、腸滴蟲所致的腹瀉或食物中毒，若同時伴有黏液、膿血則是急性腸炎。大便水樣似米湯，並有急促壓迫感，失水明顯，多為霍亂或砷中毒，患者甚至可出現腿足抽搐、眼球凹陷。

（7）大便呈凍狀。過敏性腸炎，常於腹部絞痛後排出凍狀細帶狀物；部分細菌性痢疾患者也可出現凍狀大便；若是堅硬糞便表面附有少量黏液，則須考慮痙攣性便祕。

（8）大便呈黏液狀。正常大便有極少量黏液，若黏液大量出現，常見於痢疾、腸炎和血絲蟲病等，最常見的是沙門桿菌或阿米巴原蟲造成的大腸炎。

（9）大便乾結呈粒狀。大便堅硬，形如羊糞不易排出者，除因小孩缺乏纖維素或老人陰津不足所致，主要因腸套疊、腸痙攣、腹內腫瘤或手術造成的腸黏連等疾病引起。

（10）糞便中有油質。可能是小腸吸收不良或胰臟疾病造成脂肪缺乏所致。

（11）柱狀便見於習慣性便祕；羊糞粒狀見於痙攣性便祕。

Q 88.大便顏色異常預示什麼病變？

A答：（1）白色或灰色。除因胃部檢查（X光鋇餐造影）喝下顯影劑及發泡劑後糞便呈灰白色外，糞便白色常見於阻塞性黃疸、膽結石、胰頭癌等疾病。糞便呈白色淘米水樣、無糞質的白色混濁液時，多見於霍亂；糞便呈白色黏液狀，可能有慢性腸炎、腸息肉和腫瘤病患；若糞便量多且有惡臭的白色油脂狀時，則要警惕吸收不良綜合症或胰因性腹瀉；如果呈灰白色，通常顯示肝功能異常，或脂肪攝取過多、消化不良等；如果大便的顏色

是白陶土樣的，可能是黃疸或由於結石、腫瘤、蛔蟲等引起的膽道阻塞。

（2）深黃色。除進食過量脂肪類及大黃梗葉會使糞便較黃外，深黃色糞便多見於紅血球大量破壞所造成的溶血性黃疸，常伴有溶血性貧血。

（3）綠色。綠色糞便最常見原因有服用過多胃腸藥、綠色蔬菜、含葉綠素豐富的健康食品或腸內酸度過高，無需特別擔心。如果呈墨綠色，表示食物沒有完全消化或者拉肚子；糞便綠色呈糊狀或水樣，多泡沫，且有酸臭味，多見於消化不良或腸道功能失調等疾病；若綠色糞便混有膿液，則是細菌性痢疾或急性腸炎。此外，腹部大手術後或接受廣效性抗生素治療的病人，若出現帶腥臭味的暗綠色水樣便，並有灰白色或綠色片狀半透明蛋清樣偽膜，大半是患了金黃色葡萄球菌腸炎。

（4）鮮紅色。拉血便，多是下消化道出血。如血色鮮紅並分布在糞便的表面，與糞便不相混，以痔瘡居多，特別是內痔出血。若是糞便外層沾有鮮血，血量較少，多在便紙上見血，一般以便祕時用力造成的肛裂多見，常伴有劇痛，便後疼痛隨之消失。血色鮮紅並與糞便混在一起，以腸病可能性最大，如良性潰瘍性大腸炎；大腸息肉出血常見便後滴血或出血附著糞塊表面；結腸癌的血便特點是伴有大量黏液或膿液，而直腸癌的血便中則常混有糜爛組織；夏天食用被嗜鹽菌污染的醃製品，可能引起沙門菌感染的腹瀉，其大便呈洗肉水樣的淡紅色，血色較淡。

（5）暗紅色。除進食過量可可、咖啡、櫻桃、桑葚、巧克力等外，常見於阿米巴痢疾、結腸息肉與結腸腫瘤。再生障礙性貧血、血小板減少性紫癜及流行性出血熱等疾病，由於凝血機能障礙，也呈暗紅色血便，有時鮮紅色。如果呈暗紅或黑色，可能

由十二指腸、胃出血等上消化道疾病導致，吃西瓜、豬血等食物也可造成大便暗紅或黑色，但一般只會持續一兩天。

（6）黑色。常見於上消化道出血，包括胃潰瘍、十二指腸潰瘍、胃竇炎、胃黏膜脫垂、肝硬化造成的食道胃底靜脈曲線破裂出血等，糞便多呈暗紅色或柏油狀黑色，以胃、十二指腸潰瘍最常發生，抗潰瘍藥物治療效果不佳時，應警惕胃癌的可能。食物與藥物造成的黑便，糞便黑而不亮，用水沖也不見血色，停藥伴食後恢復正常。

Q 89.放屁異常預示什麼病變？

A 答：放屁與個人的飲食結構、生理功能、運動量大小等有很大關係。因此，即使同一個人，也有時放屁多，有時放屁少，有時臭味大，有時臭味小。但在正常的生活習慣和條件之下，若放屁多少和臭味大小有所改變，就應警惕某些疾病的侵入。屁常作為衡量胃腸功能好壞的「測試氣球」，正常人每天約排出600CC氣體，約放屁14個。無屁或異常之屁常是體內疾病的反映。

（1）無屁。如果腸蠕動出現障礙，人體就會有屁放不出來，如腹痛腹脹、便祕、嘔吐，則可能是腸梗阻。腹部手術後，如果數天內病人不放屁，則說明病人的腸蠕動尚未很好地恢復，病人還不能進食，需要進行相應的處理，若能頻頻放屁，就表明胃腸功能已恢復正常，表示病人可以進食了。

（2）多屁。當肛門排氣量大大地超過平時，即為多屁。多屁可見於各種原因所致的消化不良疾病，胃炎、消化性潰瘍等胃部疾病，肝、膽、胰疾病等等。也可能是攝入過多澱粉類與蛋白質類食物（豆、蛋）或進食狼吞虎嚥以及習慣性吞嚥動作過多、

經常吞嚥口水而攝入較多空氣所造成。緊張時出現多放屁或放不出不屬病態。

（3）臭屁。如果屁奇臭難聞，往往是消化不良或進食過多肉食的結果，需要節食和服用助消化藥。患有晚期腸道惡性腫瘤時，由於癌腫組織糜爛，細菌作祟，蛋白質腐敗，經肛門排出的氣體也可出現腐肉樣奇臭。消化道出血時，血液在腸腔內滯積；腸道內發生炎症時（如菌痢、阿米巴痢疾、潰瘍性結腸炎、出血性小腸炎等），肛門所排出的氣體，因細菌的分解往往比較腥臭。進食大蒜、洋蔥和韭菜等含有刺激性氣味食物也可引起臭屁，這不是病態，不必擔心。

Q 90.臍表徵異常預示什麼病變？

A答：（1）肚臍向上。肚臍向上延長，幾乎成為一個頂端向上的三角形，得多留意胃、膽囊、胰臟的健康狀況。

（2）肚臍向下。應注意預防胃下垂、便祕、慢性腸胃疾病及婦科疾病。

（3）肚臍偏右。應警惕肝炎、十二指腸潰瘍。

（4）肚臍突出。當腹部有大量積水或卵巢囊腫時，肚臍就會向外突出。

六、生殖、泌尿部分

Q 91.尿急、尿頻、尿痛預示什麼病變？

A答：引起尿急、尿痛、尿頻的原因有很多，如精神因素引起，膀胱及尿道疾病所致的炎症刺激所引起等。

（1）尿量增加。正常生理情況下，大量飲水，尿量會增多，排尿次數亦增多，出現尿頻。病理情況下，如部分糖尿病、尿崩症患者飲水多，尿量多，排尿次數也多。

（2）膀胱容量減少。如膀胱佔位性病變、妊娠期增大的子宮壓迫、結核性膀胱攣縮或較大的膀胱結石等。

（3）局部及季節因素。尿頻但每次尿量不多，尿時無痛苦表情，也無其他症狀，首先要考慮局部因素，如尿道口發炎、包皮過長或蟯蟲刺激陰部等，此外，季節因素，冬季多尿是正常現象。

（4）神經性尿頻。膀胱逼尿肌發育不良，神經不健全，可發生白天點滴性多尿，可達20～30次，但是夜間排尿正常，有反覆發作趨勢，尿化驗檢查正常。

（5）炎症刺激。急性膀胱炎、結核性膀胱炎、尿道炎、腎盂腎炎、外陰炎等都可出現尿頻，在炎症刺激下，可能尿頻、尿急、尿痛同時出現，被稱為尿道刺激症，尿檢查顯微鏡下可查到膿細胞或大量白血球，嚴重時伴有全身感染中毒症狀，需抗生素治療。

（6）尿道綜合症。女性患者的尿頻、尿急甚至尿痛，按尿道感染服藥治療效果並不好，且反覆發作、久治不癒，但尿液化驗正常，這是尿道綜合症。引起尿道綜合症的原因很多，最常見的有以下幾種：經常用肥皂或消毒溶液洗下身；穿化纖內褲引起過敏；飲水不足導致濃縮的尿液刺激尿道口；患有陰道炎、子宮頸炎、白帶刺激了尿道口；停經後期由於性腺功能減退，雌激素分泌減少，使尿道黏膜萎縮、變薄；可能是病毒、支原體、黴菌侵入尿道。

Q 92.夜尿增多預示什麼病變？

A答：如果夜尿量大於全天尿量的1/3或超過白天的尿量，且排尿次數明顯增多，以後半夜起床為主，則認為是夜尿增多。

（1）精神性因素。最常見於失眠症者，失眠很容易產生精神緊張，此時心跳加快，血液循環量增大，尿量增多。

（2）大量飲水、喝咖啡、飲用濃茶或食用利尿食物，可引起夜尿增多。

（3）全身性疾病。心肺功能不全的患者由於夜間平臥時腎血流量增加，尿量會有所增加，因此夜尿增多往往也是心肺功能不全的早期徵兆；糖尿病的患者因血糖高，糖從尿中排出時因滲透作用，帶走大量水分，導致夜尿增多。

（4）腎臟病變。高血壓如果得不到及時合理的治療，任其病情持續發展，便會導致腎臟小動脈硬化，腎臟的血流量減少，長期腎臟缺血而發生功能障礙，當腎臟的濃縮功能減退時，夜尿會增多，這也是最早反映腎功能減退的症狀。

（5）前列腺增生。有些老年男性高血壓患者同時又有前列腺增生症時，也可以出現夜尿增多的症狀，但以次數增多為主，且白天尿次也多。

（6）女性尿頻當心腎結核。如果尿道感染經治療後，仍有尿頻、尿急、尿痛、尿中有白血球，可能是腎結核，如持續半月，症狀沒有好轉，就應到醫院進一步檢查，以明確診斷。

Q 93.少尿是什麼病變信號？

A答：如果24小時尿量少於500CC（有說少於400CC）稱為少

尿。少尿常是一些嚴重疾病的信號。

（1）腎臟疾病。如急性腎炎、腎腫瘤、嚴重腎結核、腎功能衰竭、血管性疾病等，由於腎臟功能受損，尿量減少，當這類疾病引起少尿時，病情往往已較嚴重。

（2）進入腎臟的血流量減少。當病人外傷失血過多、休克、心力衰竭、嚴重脫水等情況時，進入腎臟血流量明顯減少，從而使腎臟產生功能性衰竭，出現少尿。

（3）尿道栓塞。輸尿管及腎盂結石、血塊、膿栓的阻塞，會使生成的尿液不能進入膀胱，膀胱頸部的栓塞引起少尿或者無尿，如果不及時除去栓塞的原因，久而久之會使腎臟發生腎盂積水而影響腎功能。

Q 94.尿液顏色顯示什麼疾病？

A 答：新鮮尿液含有黃色的尿色素，所以正常情況下呈淺黃色，尿出後被氧化，尿液自然變深。喝水多寡會改變尿液顏色，如喝水少，尿色素比例大，顏色較黃；反之顏色變淡。除此外尿色不會有太大的變化。若有明顯色變，可能是疾病警訊。

（1）無色尿。除大量飲水外，常是糖尿病、腎炎、尿崩症的發病信號。

（2）白色尿。應首先考慮是否患有嚴重的泌尿系統化膿性疾病，多見於膿性尿、乳糜尿、鹽類尿。預示泌尿生殖系統或鄰近器官組織化膿性感染，多發於腎盂腎炎、膀胱炎、尿道炎、腎膿腫或腎結核。乳糜尿為血絲蟲的主要症狀之一。

（3）黃色尿。分深黃、淺黃。急性發熱或上吐下瀉時，尿色素比例增大，尿變黃。當小便深黃像濃茶一般，往往是肝病重

要信號，因肝臟或膽囊病變時，膽汁無法從腸道排出，只能從尿液排出，因而尿呈現深黃色。經常性的深黃色尿或棕黃色尿，常伴有眼睛鞏膜及皮膚黃染，很可能患有膽結石、膽囊炎以及黃疸型肝炎等疾病。此外，食用含胡蘿蔔素的食物，如黃瓜、南瓜、胡蘿蔔，或服用維生素B_2（核黃素）、金黴素、緩瀉劑酚酞、驅蟲藥山道年及中藥大黃等藥物，都可能尿液變黃，停食、停藥則消失。

（4）綠色尿。多見於膽紅素尿放置過久被氧化成膽綠素而呈現綠色尿，或尿中有綠膿桿菌滋生時，亦可出現綠色尿。淡綠色尿可見於大量服用消炎藥後。

（5）藍色尿。與服用藥物關係較為密切如水楊酸等，停藥後會消失。此外，霍亂、斑疹傷寒、維生素D中毒、原發性高血鈣症等也可能藍色尿。

（6）棕褐色尿。指非常濃縮的尿液，色如醬油一般。多見於急性腎炎、急性黃疸型肝炎、溶血性貧血、大面積燒傷、腎臟擠壓傷或輸錯血型。此外，遺傳性蠶豆症患者食用青蠶豆後，除皮膚、眼睛發黃、頭暈、噁心、倦怠等情形外，也可能出現褐色尿。

（7）黑色尿。少見，可能與服用抗高血壓藥甲羥丙胺酸等有關，停藥消失。此外黑尿還可見於酚中毒、黑色素瘤、造血性酸、肌球蛋白尿、變性血紅素血症、咯紫沉著症以及有陣發性血紅蛋白尿的病人。尿液呈黑色或褐色，應考慮患有溶血性疾病或惡性病變等，如出現在輸血過程中，很可能是因血型不合發生溶血現象所致。

（8）紅色尿（血尿）。食用食物色素如甜菜或服用磺胺劑等藥物，可使尿液變紅色；尿液呈紅色應考慮是否患有急性腎炎

或腎結石、膀胱結石、尿道結石、外傷、泌尿道狹窄和泌尿器官結核、腫瘤。女性應考慮患子宮、卵巢、輸卵管等器官疾病。出現血尿以後，不論血尿症狀嚴重與否，都要高度重視，到醫院進行全面檢查，以防止貽誤一些嚴重疾病的有效治療時機。

（9）小便有泡沫。小便時有泡沫是很正常的現象，無需緊張，小便有泡沫是小便中含有蛋白質，由於蛋白質表面張力低，當尿中蛋白質含量多時，可能在尿液表面出現很多泡沫，這時如果腎臟有其他不適，就需要請腎科醫生詳細檢查。

Q 95.經期過長預示什麼病變？

A 答：正常月經持續時間為2～7天，少數為3～5天。如果月經持續時間超過7天，就算經期延長。經期延長應加以重視，深入追究病因。

（1）血液病。如血小板減少性紫癜、再生障礙性貧血等，常伴月經來潮，出現嚴重子宮出血，經期延長。

（2）子宮肌瘤。尤其是子宮黏膜下肌瘤，因子宮腔面積擴大，造成收縮異常，可致月經過多和經期延長。骨盆腔炎症、子宮息肉、子宮內膜炎等均因子宮內膜血液循環不良、退化壞死或骨盆腔瘀血等引起月經過多和經期延長。

（3）慢性子宮肥大症（子宮肌炎）。因骨盆腔瘀血，卵巢雌激素持續增高，使子宮肌層肥厚，引起月經過多和經期過長。

（4）子宮功能失調性出血（簡稱功血）。功能性子宮出血是一種常見的婦科病，是調節生殖的神經內分泌功能失常所致。常見症狀有：子宮出血不規則；月經提前或錯後；月經週期縮短，一般少於21天；有的雖然月經週期正常，但在月經來潮之前

已有數天少量出血，顏色發暗，月經來潮數天後又淋漓不盡等。

（5）子宮內膜異位症。常因影響子宮肌層收縮或因內膜增強而導致月經過多或經期延長。

（6）放置避孕器也易引起經期過長。

Q 96.月經量過多、過少預示什麼病變？

A答：（1）避孕方式不當導致經量過多、過少。最常見的是子宮環，它使月經週期縮短，經期延長，經量明顯增多和經後淋漓出血等，尤其是帶銅離子的活性子宮環，在提高了避孕效能的同時也增加了月經出血量。短效口服避孕藥通常可以使月經變得很規律，經量減少，並且痛經減輕。

（2）感染導致經量過多。骨盆腔炎、陰道炎、生殖器官的炎症往往引起經量增多和經期延長。

（3）流產或異常妊娠導致經量過多。已婚女性的異常陰道出血有時與妊娠合併症相關，如果月經平時非常準時，卻無緣無故地遲到了一個多星期或十幾天，之後像開了水閘似的嘩嘩流個不停，還夾雜著比平時更多的血塊或組織物出來，時間也比平時更久些，那麼，這很可能是流產。另外如果伴隨陰道出血增多，並出現心慌、頭暈、出冷汗、腹部疼痛甚至暈厥的狀況時，可能是子宮外孕的徵兆。

（4）子宮內膜異位導致經量過多。子宮內膜異位症就是原本該長在子宮壁內層的組織出現在其他位置上，這些「異位」了的子宮內膜，干擾生殖器官的各種正常功能，常常會伴隨各種月經失調如經期延長、經血過多、經前點滴出血、繼發性痛經等等。

（5）血液病導致經量過多。月經增多也可能不是生殖器官本身的問題，而是血液病的徵兆。由於月經也和其他人體出血現象一樣要受到自身凝血系統的調控。如果凝血系統發生異常的情形，如血友病患者，由於血液不容易凝固導致每次月經量大、出血時間長，而月經過多有時是女性血友病患者的唯一表現。其他常見的血液病如血小板減少性紫癜、白血病、再生障礙性貧血等，也易月經量增多。

（6）子宮肌瘤導致經量過多。育齡女性最常見的生殖器腫瘤是子宮肌瘤，子宮肌瘤的發病率很高，但99.5%都是良性的，引起月經過多的以肌間和黏膜下兩種類型的子宮肌瘤居多。

（7）子宮內膜息肉或子宮頸息肉導致經量過多。息肉是由於外子宮口朝向陰道下垂所產生的物質。有些息肉會像米粒一樣大，有些則大到像指頭般，稍微碰觸就會導致出血。

（8）子宮畸形導致經量過多。先天子宮畸形，例如有雙子宮，便有可能會導致子宮內膜的整個面積增加，因而經血量也較普通人多。

（9）子宮發育不良導致經量過少。月經遲潮伴月經稀少、痛經甚至月經不潮，常是子宮發育不良的表現。

（10）子宮功能異常導致經量過多、過少。如果經常出現月經不規律，經量時多時少，經期不定，經前點滴出血等症狀，又找不到其他顯見的原因，那麼很可能就是子宮功能異常在作祟。

Q 97.白帶異常預示什麼病變？

A 答：正常白帶為乳白色，無氣味，無刺激性，量不多，呈蛋清樣或稀糊狀。白帶是女性生殖器官的防禦武器，它可以潤滑、

保護陰道，其中的陰道桿菌可抑制致病微生物的生長。透過白帶的顏色、氣味、多寡的變化，可以了解生殖器病變情況。

（1）泡沫性白帶。多由滴蟲陰道炎引起，白帶呈黃膿樣，且有泡沫。

（2）血性白帶。白帶如染血，應警惕子宮頸癌、子宮體癌等惡性腫瘤。不過，老年性陰道炎、子宮頸息肉、重度慢性子宮頸炎、子宮內節育器、黏膜下子宮肌瘤等良性病變亦可有此症狀。

（3）膿性白帶。多由膿細胞、炎症滲出物組成，呈黃色或黃綠色，如膿樣，有臭味。發炎感染所致，常見於陰道炎、滴蟲性陰道炎、慢性子宮頸炎、子宮內膜炎等。

（4）豆渣樣白帶。黴菌性陰道炎表現，奇癢。

（5）黃色水樣白帶。多由於病變組織壞死所致，常見於黏膜下子宮肌瘤、子宮頸癌、輸卵管癌等。

（6）白色黏液性白帶。多見於使用雌性激素後盆腔充血時。

（7）黃色黏液性白帶。多見於子宮糜爛、慢性子宮頸炎等，輕度感染所致。

（8）無色透明黏液性白帶。與蛋清相似，多見於慢性子宮頸炎及使用雌性激素後。

七、神經、感覺部分

Q 98.引起頭痛的常見疾病有哪些？

A答：（1）顱內疾病引起的頭痛。① 顱內感染引起的頭痛，如結核性腦膜腦炎、細菌性腦膜腦炎、病毒性腦炎等；② 顱內

血管病變引起的頭痛，如腦出血、腦栓塞、腦缺血、偏頭痛等；③ 顱內佔位病變引起的頭痛，如腦腫瘤、結核瘤、腦轉移瘤、腦膿腫等；④ 顱腦損傷引起的頭痛，外傷引起的腦血腫、硬膜下血腫、硬膜外血腫、腦外傷後綜合症等；⑤ 偏頭痛癲癇性頭痛及其他血管性頭痛；⑥ 低顱壓性頭痛。

（2）顱外疾病引起的頭痛。① 頭皮及顱疾病引起的頭痛；② 各種神經病引起的頭痛；③ 眼疾性頭痛；④ 鼻疾性頭痛，耳因性頭痛；⑤ 口腔因性頭痛，⑥ 肌緊張性頭痛；⑦ 動脈炎引起的頭痛。

（3）全身疾病引起的頭痛。① 全身各系統的感染性疾病：幾乎所有的伴有發熱的全身各系統感染性疾病都能引起頭痛。② 呼吸系統疾病：常見的上呼吸道感染，由細菌或病毒感染引起的感冒頭痛。其次較為多見的是肺氣腫或支氣管擴張、肺功能不全而引起的頭痛。③ 循環系統病變：如高血壓、低血壓和心功能不全。另外，在臨床上也可以見到以頭痛為首發症狀的急性心肌梗塞。④ 消化系統的疾病：消化不良、持續性便祕、腸道寄生蟲、急慢性胃腸炎以及肝功能不全、潰瘍性結腸炎等疾病均可產生頭痛症狀。⑤ 泌尿系統疾病：如急慢性腎炎、尿毒症、腎功能不全以及腎性高血壓等均可引起頭痛。另外，老年人的前列腺癌、膀胱癌極易大腦轉移而產生腦瘤性頭痛。⑥ 全身代謝性疾病：如高原頭痛，還有低血糖性頭痛，另外，夏天老年人或兒童中暑之後也會出現頭痛。⑦ 全身性的中毒所致：幾乎所有的內因性、外因性中毒，均伴有頭痛。頭痛可以作為中毒的早期症狀，也可以作為急、慢性中毒的主要症狀及急性中毒之後恢復期症狀之一。較多見的中毒有工業生產中的毒物中毒，如鉛、錳、氯氣、一氧化碳、二氧化碳、苯、甲醇等毒物引起的中毒。瓦斯中毒引起頭痛

在冬天生爐子的地方十分常見。此外還有有機磷農藥中毒、藥物中毒、食物中毒等均能產生不同程度的頭痛。⑧ 其他內科疾病：如血液系統的貧血，內分泌系統的甲狀腺機能亢進、更年期綜合症，以及各種自身免疫和變態反應性疾病等，均能產生頭痛症狀。

Q 99.頭痛部位、程度不同預示什麼病變？

A （1）頭痛發生的急緩。① 急起的頭痛伴發熱：常見於上呼吸道感染、流感等；不伴發熱卻有嘔吐及意識障礙者，常有顱內出血的可能。② 緩慢起病的頭痛：常見於高血壓、腦供血不足、顱內腫瘤、血管神經性頭痛、慢性鼻炎及鼻竇炎等。

（2）頭痛的部位。① 位於眼眶上部或眼球周圍的疼痛，常見於青光眼。② 位於前額部及鼻兩側、面頰部的疼痛，多見於鼻竇炎。③ 位於一側的頭痛，常見於偏頭痛及三叉神經痛。④ 全頭痛，常見於各種腦炎或腦膜炎。⑤ 頸項硬、劇烈頭痛伴發熱、嘔吐者，常見於流行性腦膜炎。

（3）頭痛發生及持續的時間。① 有規律的晨悶頭痛，可見於鼻竇炎。② 緩慢起病、經常晨間加劇的頭痛，常見於顱內腫瘤。③ 劇烈疼痛僅持續數十秒，多見於三叉神經痛。④ 頭痛反覆發作，持續數小時或1～2天，多見於偏頭痛。⑤ 長年累月，有明顯易變性的頭痛，多為神經官能症頭痛。

（4）頭痛的程度。① 劇烈頭痛，常見於三叉神經痛、偏頭痛及腦膜炎等。② 中度或較輕的頭痛，常見於眼、鼻、牙齒的病變及腦腫瘤。

（5）頭痛的性質。① 面部陣發性電擊樣短促劇烈疼痛，多

見於三叉神經痛。② 搏動性頭痛或跳痛，常見於高血壓、血管神經性頭痛、急性發熱性疾病及腦腫瘤等。

（6）頭痛的伴隨症狀。① 頭痛伴劇烈嘔吐者，常見於腦血管病、腦腫瘤、腦炎及腦膜炎等。② 頭痛達高峰時發生嘔吐，吐後頭痛明顯減輕者，常見於血管神經性頭痛。③ 頭痛伴劇烈眩暈者，常見於腦腫瘤、椎基底動脈供血不足等。④ 慢性頭痛伴發精神呆滯、表情淡漠、對周圍事物漠不關心或反之表現為欣快者，常見於腦腫瘤及散發性腦炎。⑤ 頭痛伴視力障礙者，常見於青光眼及腦腫瘤。⑥ 頭痛發作前出現閃光、暗點或偏盲等先兆者，常見於血管神經性頭痛。

（7）誘發頭痛的因素。① 因頭部水平位置變化引起頭痛者，常見於頸椎病。② 因轉頭、俯首、咳嗽使頭痛加重者，常見於腦腫瘤及腦膜炎。

Q 100.頭痛不同的出現方式預示什麼病變？

A答：（1）持續頭痛。肌肉收縮性頭痛、心因性頭痛、中耳炎。最常見原因是身體和精神過度緊張導致失眠和身體痙攣和血管痙攣，也可能預示眼睛屈光不正。

（2）反覆頭痛。多為偏頭痛、三叉神經痛，如同時伴噁心或嘔吐，可能是腦部疾患。入睡困難，精神無法集中，反覆頭痛，無精打采，要注意貧血或憂鬱症。

（3）突然頭痛。高血壓性腦病、急性青光眼、蛛網膜下出血、三叉神經痛。

（4）頭痛漸漸地變嚴重。有發熱時可能是腦腫瘤、髓膜炎；沒有發熱時可能是慢性硬膜下出血。

（5）運動中感到頭痛。少數心臟病患者在發病時不感到胸部異常，但運動時會頭痛，在一切體育活動中或活動後都不應發生頭痛感，發生頭痛時，應停止活動，盡早去醫院做神經、心腦血管系統檢查。

（6）劇烈頭痛波及頸項，伴有高熱，可能患細菌性腦膜炎。

（7）頭痛欲裂。可能是腦溢血的信號，也不能排除動脈瘤的可能性。

（8）持續性偏頭痛。持續性偏頭痛常伴發病側耳深部疼痛，有持續的耳鳴，加之鼓膜正常，顳頜關節本身多不疼痛，常誤診為神經痛，其實，這種持續性偏頭痛有的可能與牙齒有關。

（9）緊張性頭痛。痛楚的範圍通常是對稱的，由後枕延伸到前額，頭痛維持大約數小時，病發期間，頭痛每日發作，患者的緊張情緒與頭痛有直接關係，緊張性頭痛除了精神因素以外，頸、脊椎的功能失調也是主要成因。

（10）頸椎病變性頭痛。是由頸脊骨錯位、頸椎退化、頸椎關節病所引致。有些學者稱這類頭痛為後枕神經痛。引致頭痛的原因主要是頸椎神經根第一、二、三條出受壓所引起，痛楚的範圍常常只是一側，由頸伸延到後枕、頭的側面及到達眼球的後面。不少醫療人員把頸椎病變性頭痛錯誤地診斷為偏頭痛。

（11）混合性頭痛。與緊張性頭痛、頸椎病變性頭痛、偏頭痛、藥物依賴性頭痛等病症的症狀相似，患者經常形容頭痛的程度有如頭顱就快爆裂般，整天都感覺到痛楚的存在，通常維持3～7天，但有時亦會維持數月之久。頭痛發作期間常於工作忙碌的時候，有時也發生在交通意外時頸部或頭部曾經受過創傷之後。

Q 101.頭痛的危險信號有哪些？

A答：（1）任何突然發生的劇烈頭痛，而且越來越重，變成持續性頭痛。

（2）頭痛在早上起床後最厲害，咳嗽或打噴嚏會加重頭痛；因用力（咳嗽、大便、彎腰）後導致發作的頭痛。

（3）頭痛伴有視力模糊，且有惡化趨勢。頸部感覺僵硬的頭痛，可能是蛛網膜下腔有積膿或積血。

（4）已睡著了卻被痛醒過來。

（5）以前不曾頭痛過的人，突然發生頭痛，且頭痛持續不減。

（6）頭痛伴癲癇發作；頭痛伴有驚厥。

（7）頭痛伴有發熱和脖子僵硬或疼痛，特別是不明原因的發熱。

（8）頭部外傷引起頭痛，伴噁心、嘔吐、視力模糊，或走路不穩。特別是從高處跌下或重物擊傷頭部的頭痛，有可能是顱內血腫和顱骨骨折。

（9）小孩有重複性頭痛發作。

（10）老年人平常沒有頭痛，如突然發生頭痛、反覆發作頭痛，可能會發生腦中風；中年或老年人，在生氣或用力（咳嗽、用力大便等）後，或在日常生活（吃飯、做家務、開會、辦公、工作）中，首次突然頭痛，有腦中風的可能。

（11）頭痛伴有人格改變、記憶改變、性情改變或思考改變，並有神志模糊、感覺和意識下降的頭痛。

（12）每日反覆發作的頭痛；伴有腦神經麻痺、肢體活動不靈的頭痛。

（13）頭痛伴有意識模糊或溫覺、觸覺等喪失，以及伴有表情淡漠、行動遲緩。

（14）局限於頭頂、一隻眼睛、一隻耳朵或特定區域的頭痛。

（15）頭痛和嘔吐遷延多日仍不見好轉，或伴有醉漢般走路不穩，或伴有一邊的臂、手、腿沒有勁。

Q 102.頭暈預示什麼病變？

A答：頭暈是指頭昏腦脹的感覺，高血壓病人發病時就有這種感覺，血壓低的人在蹲久起身後，會感覺眼前一片黑或冒金星，甚至摔倒，這些都叫做頭暈，沒有休息好引起的也是頭暈。頭暈是主觀感覺異常，是一種常見症狀，而不是一個獨立的疾病，其症狀可分為三大類。

（1）天旋地轉。多由前庭神經系統及小腦功能障礙所致，以傾倒感覺為主，感到自身晃動或景物旋轉，常伴有噁心、嘔吐、面色蒼白、出汗等症狀，頭暈時耳鳴加劇，聽力減退，每次頭暈可持續數分鐘到數小時，多數於1～2天緩解。

（2）頭重腳輕。由前庭系統以外的全身各系統疾病引起，多由某些全身性疾病引起，如高血壓、動脈硬化、心功能不全等。以頭昏感覺為主，沒有天旋地轉感覺，但總感到頭重腳輕，提不起精神來，有頭暈眼花或輕度站立不穩，很少伴有噁心、嘔吐、出汗等自主神經症狀。

（3）眼前一黑。感到視覺模糊，甚至暫時失去知覺，這是大腦一過性供血不足而引起的症狀。輕者頭暈、目眩、視物模糊、全身肌肉鬆弛無力、噁心、出汗、面色蒼白，嚴重者意識不

清，但此症狀一般持續時間較短，病人平躺後很快緩解，很少超過3分鐘，可伴心率緩慢、噁心、嘔吐等，多見於體弱患者、老年人，也可由恐懼、焦慮、急性感染創傷、劇痛、血容量不足和空腹引起，在高溫、通風不良、疲乏、饑餓等情況下更易發生。

Q 103.眩暈預示什麼病變？

A 答：眩暈發病時感覺天旋地轉，且伴有噁心、嘔吐、出冷汗、面色蒼白等症狀，眩暈發作時症狀劇烈，但病人意識清楚。臨床上把眩暈分為中樞性眩暈和周圍性眩暈。中樞性眩暈是腦神經腦組織病變引起的，如腦外傷、腦腫瘤等；周圍性眩暈是由耳朵引起的。造成眩暈的直接原因是兩側平衡神經系統（內耳半規管、小腦、腦幹、脊髓、中耳、大腦皮質等部位）失去平衡所引起。當人體從蹲位或座位突然起立，有時會感到一陣眩暈，這是一種正常生理現象，由於體位改變，血壓一時未調節過來，大腦血液一時供應不足所致。如果伴有其他症狀，或在服藥期間發生這種情況，應是疾病徵兆。

（1）頭部沉重、心悸、呼吸困難、情緒激動時頭暈加重的眩暈。多見於高血壓、動脈硬化。

（2）突然體位改變眼前發黑、稍後又好轉、頭痛的眩暈，常是低血壓、貧血；眼睛不適或者患了白內障病也經常引起頭暈；經常失眠也會發生眩暈。

（3）耳鳴、重聽、噁心、嘔吐、出冷汗、眼前天旋地轉的眩暈，常是耳因性眩暈病、美尼爾綜合症。入睡稍一改變睡姿，或起床時感到一陣眩暈，可能是內耳耳屎沉積或頸椎長骨刺所致；眩暈且耳朵突然失聰或者四肢有蟻走感和麻木感，這多數是

中風先兆。

（4）神經內科疾病引起的眩暈，有可能是腦中風的表現或腦中風的先兆，尤其是老年人的眩暈，更要警惕腦中風的可能。很多中老年人都有頸椎病，加上動脈硬化，很容易引起腦幹、小腦供血不足，甚至梗死，從而出現眩暈。以往發生過眩暈的中老年患者，建議早去醫院檢查，早採取措施，以預防腦幹、小腦梗死的發生。眩暈，頭痛、意識不清、噁心、痙攣、視力障礙、手腳發麻，可能是腦腫瘤、腦出血；如果突然嚴重頭暈，並伴有頭痛、噁心、嘔吐或者意識障礙，很可能是腦溢血。

（5）無外物及自身旋轉感覺，只有站立不穩，多見於心血管系統疾病。

（6）眩暈伴有口吐白沫、抽搐等，常見於癲癇。

（7）眩暈伴有許多無法描述症狀，應懷疑神經官能症；夜間飲酒，男性站立如廁時發生眩暈，稱排尿昏厥，多發生於前列腺肥大的老人。

Q 104.病理性疲勞有哪些？

A 答：疲勞一般有病理性疲勞、心理性疲勞和物理性疲勞三種。病理性疲勞持續時間較長，多是某些疾病的預兆，如肝炎、糖尿病、癌症等，應去醫院檢查。

（1）藥物副作用致疲倦。某些抗組織胺、抗感冒類藥物或止咳糖漿等均會產生嗜睡的副作用，使人感到疲倦，一般停藥後，疲倦就會消失；用來治療高血壓的利尿劑，可導致疲乏；會造成疲倦的藥物還有抗憂鬱藥等。

（2）營養不良致疲倦。食物中的碳水化合物能促使大腦合

成5羥色胺，5羥色胺是一種血管緊張素，會令人昏昏欲睡，疲乏無力，蛋白質則能抑制其生成，因而，若要保持旺盛精力，則要注意在膳食中少些碳水化合物，多些蛋白質。在高溫環境下，人體內蛋白質代謝加快，能量消耗增多，易疲乏，因此蛋白質的攝入必須酌量增加。

（3）缺鈣、缺鹽、缺鉀致困。夏季高溫環境下工作的人員很容易出現低鈣血症，表現為病人手足抽筋、肌肉抽搐，長期鈣缺乏會導致成人患軟骨病、易骨折以及經常腰背和腿部疼痛。夏季，人易暈，這是因為缺少鉀。暑天出汗多，鉀離子隨汗液排出體外，由此造成低血鉀，會引起人體倦怠無力、頭昏頭痛、食欲不振等症候。

（4）甲狀腺分泌不足、脫水致疲憊。甲狀腺控制新陳代謝，如果甲狀腺分泌不足，便會減慢新陳代謝，令人覺得疲憊；人在脫水後，血容量降低，體力下降，易疲勞。

（5）間歇性低血壓。是誘發疲倦的主要因素。判斷自己是否患有間歇性低血壓並不困難，只要讓測試者躺在一張傾斜70°的床上，呈頭高較低斜坡位，數分鐘後，若測試者有血壓降低、頭暈目眩、噁心等現象，就表明患有間歇性低血壓。

（6）慢性疲勞綜合症。表現為持續6個月以上易疲勞和乏力、微熱（口腔體溫37.5～38.5℃）、頭痛、頭暈、咽痛、頸部或腋下淋巴腺疼痛，肌肉痠痛、失眠、健忘、易激怒、思考能力下降等；體檢時常有低熱、非浸潤性咽喉炎、淋巴腺腫脹及壓痛。

（7）老人白天犯睏，心臟發病機率高。

（8）鼻竇炎可以導致渾身無力。

（9）脊椎疾病、肥胖、金屬補牙、癌症等能致人疲倦。

Q 105.生理性疲勞有哪些表現？

A答：生理性疲勞多因新陳代謝產生的二氧化碳和乳酸聚在血液中以致產生疲勞。疲勞會給人帶來不適，卻也能提醒你注重健康。因此，疲勞堪稱人體的安全信號。

（1）運動和缺乏運動都會致疲倦。人們普遍誤以為運動會令人疲累，但事實恰好相反，若缺少運動，肌肉會變得虛弱，運用機體需花更大的氣力，感到疲倦。健身活動後產生疲乏是正常現象，一般在活動後休息15分鐘左右應有所恢復，如果持續數日不能恢復，則表明運動量不適應，可減少活動量，如減輕活動量仍感持久疲乏，應檢查肝臟和循環系統。

（2）睡懶覺致疲倦。每晚的睡眠時間少於7個小時，會削弱機體恢復體力的機會。然而，睡眠時間太長也會令人精神不振。有些人常利用雙休日睡懶覺，殊不知，遲睡遲起擾亂了生理時鐘，直接影響精神狀態。激素是一種讓人保持清醒狀態的物質，它通常在凌晨4時釋放，11時達到高峰。若在這一時間裡睡大覺，激素釋放量就減少，從而直接影響精神狀態，增加疲勞感。

（3）用眼過度致疲倦。如果久視電腦螢幕或全神貫注於某物過久，人體會感覺骨頭鬆散、四肢麻木乏力。

（4）工作環境色調陰沉致疲倦。如果周圍環境黯淡、陰沉，就易感疲勞與壓抑，因而在工作與學習的環境中，增加黃、橙、紅等色調，將有助於消除疲倦。

（5）工作負荷過重致疲倦。工作負荷過重會使人肌肉緊張，增加體內耗氧量，使人因缺氧而瞌睡、發呆等，最佳療法是放鬆全身肌肉，同時進行深而慢的呼吸。

Q 106.過勞死有哪些信號？

A 答：過勞死的症狀在醫學上是指未老先衰、疲勞綜合症。

從預防角度，下述20項症狀和因素中佔有7項以上，即是有過度疲勞危險者，佔10項以上就可能在任何時候發生「過勞死」。同時，在第1項到第9項中佔兩項以上或者在第10項到18項中佔3項以上者也要特別注意。

這20項症狀和因素分別是：① 經常感到疲倦，忘性大；② 酒量突然下降，即使飲酒也不感到有滋味；③ 突然覺得有衰老感；④ 肩部和頸部麻木僵硬；⑤ 因為疲勞和苦悶失眠；⑥ 有一點小事也煩躁和生氣；⑦ 經常頭痛和胸悶；⑧ 發生高血壓、糖尿病，心電圖測試結果不正常；⑨ 體重突然變化大，出現「將軍肚」；⑩ 幾乎每天晚上聚餐飲酒；⑪ 一天喝5杯以上的咖啡；⑫ 經常不吃早飯或吃飯時間不固定；⑬ 喜歡吃油炸食品；⑭ 一天吸菸30支以上；⑮ 晚上10時也不回家或者12時以後回家佔一半以上；（16）上下班單程佔2小時以上；（17）最近幾年運動也不流汗；（18）自我感覺身體良好而不看病；（19）一天工作10小時以上；（20）星期天也上班。

Q 107.腦疲勞的症狀有哪些？

A 答：在持續較久或強度過大的腦力工作過程中，腦細胞代謝產生的自由基、乳酸等許多有害物質大量淤積，阻塞了大腦的營養通道，造成血氧含量降低，血液循環不暢，在腦部營養和能量極度消耗的同時又阻礙了營養物質的有效吸收和利用，最終導致腦細胞活力受到抑制，出現資訊流的增大和紊亂等造成的慢性疲

勞綜合症，就叫作腦疲勞。腦疲勞是一種亞健康狀態，尤以腦力工作者和在校學生為甚。

　　腦疲勞症狀有：① 早晨醒來懶得起床。② 走路抬不起腿。③ 不想參加社交，不願見陌生人。 ④懶得講話，說話聲音細而短，自覺有氣無力。⑤ 坐下後不願起來，時常呆想發愣。⑥ 說話、寫作業時常出錯。⑦ 記憶力下降，反應遲鈍。⑧ 提不起精神來，過分地想用茶或者咖啡提神。⑨ 口苦、無味、食欲差，感到飯菜沒有滋味，厭油膩，總想在飯菜中加些刺激性調料。⑩ 心理緊張，精神不振，心緒不寧，思緒紊亂，情緒波動，注意力分散，頭暈頭痛等。 ⑪耳鳴、頭昏、目眩、眼前冒金星、煩躁、易怒。⑫ 眼睛疲勞，哈欠不斷。⑬ 下肢沉重，休息時總想把腳架在桌上。⑭ 入睡困難，想這想那，易醒多夢。⑮ 打盹不止，四肢像抽筋一般。

　　如果有上述2～4項情況時，說明輕微疲勞，需要立即休息；有5項以上是重度疲勞，也許潛伏著疾病，這時你應當馬上去醫院檢查。如果出現了輕微的腦疲勞現象，也不必過分緊張，應放鬆身心，學會彈性用腦，做到勞逸適度，並注意飲食與睡眠，也可以做一些適量的腦部運動。

Q 108.肢體麻木預示什麼病變？

A 答：肢體發麻是肢體對外界刺激的感覺喪失，可能只是神經壓迫造成，而有些麻木是疾病的最早信號。

　　（1）壓迫性麻木。有些麻木是身體某一部位長時間受壓，使血液循環暫時受阻，可能只是神經壓迫造成，這是生理性麻木，並非病態。脊椎骨質增生性麻木的原因是脊椎骨骨質增生壓

迫了神經，有些病人還可伴有肢體疼痛。坐骨神經痛是腰椎間盤發生破裂或滑動移位現象時，下半背部與腿部麻木，且極為敏感，輕輕碰觸像針刺般疼痛，是盤狀軟骨壓迫神經所致。

（2）骨髓病、脊髓病、頸椎病引起的肢體麻木。某些骨髓病的早期，可出現自下而上發生的肢體麻木，一般從腳開始，隨病情加重而向上發展，進而出現肢體活動不靈等症狀；當脊椎有炎症、腫瘤時，可呈現一側肢體麻木，另一側肢體無力，或者表現為身體下半截麻木無力；如果是神經根型的頸椎病，可出現一側或雙側上肢的麻木，理療、牽引治療可減輕症狀。

（3）糖尿病引起的肢體麻木。病人下肢酥麻燒痛和刺痛，嚴重者日常生活受影響。

（4）突然半身無力且麻木。中風前兆。多見於50歲以上的中老年人，大多有高血壓、糖尿病或動脈硬化症病史。不少人相隔數小時或一、二天來一次再中風。

（5）腦血栓引起的中風常有手腳發麻症狀，多在午睡或早晨起床後發作。此類病人，首先發現無法抬手或舉步，隨之慢慢半身不遂、語言障礙以及運動功能變差，不一定有高血壓。語言含混不清、麻痺、乏力、耳鳴、肢體麻木，這些都是中風即將發作的危險信號。如果救治及時，即可避免中風發生，從而預防大腦遭受嚴重損傷。半身麻木有時是中風的主要先兆，但很多人將其誤會為頸椎病。頸椎病人一般只是上肢麻木，並可能伴有疼痛；而中風則是半邊肢體的麻木和行動不便，病人在微笑時臉部皺紋有些不對稱。

（6）腦血管疾病引起的肢體麻木。身體某部位的麻木或刺痛感、視覺模糊、精神錯亂、言語困難、手腳無法移動。

（7）靠腕部工作的人，常犯腕管綜合症，在食指、中指一

帶會麻，有時夜晚睡醒會很麻，只要甩一甩便較舒服；左臂內側及小指發麻則是冠狀動脈心臟病的指標；老年人出現一個大拇指麻木感覺，往往是腦中風的預兆；末梢神經病變的特點是四肢末端發麻，如同戴手套或穿襪子的感覺（減退）一般，多由缺乏維生素B$_1$，或由藥物及重金屬中毒所致，適當治療，2～6個月可痊癒。

（8）中毒、營養缺乏和代謝障礙引起的肢體麻木。如果長時間與有機汞、砷、鉛或有機磷等重金屬或農藥以及呋喃類、異煙肼等化學藥品的接觸，易患中毒性神經炎，該病初期即可出現肢體遠端麻木，多伴有疼痛，皮膚蟻行感；營養缺乏和代謝障礙性肢體麻木者可有長時間的胃腸功能紊亂、消化不良或有妊娠劇吐。

（9）神經炎性麻木。感染性神經炎性麻木可因細菌分泌的神經毒素或病毒直接侵犯神經系統引起肢體麻木。這類疾病除了表現為肢體麻木、肢體感覺喪失外，還會有原發病的特有症狀；患腦動脈硬化的老年人，由於大腦組織特別是大腦皮質的缺血，大腦的感覺和運動中樞發生了功能性障礙，從而導致相應部位的肢體麻木，多為一側上肢或下肢或半身麻木，一般持續幾小時至數天，如不及時治療，會發展成半身不遂。

（10）自主神經功能紊亂性麻木。這是中、青年人多發的一種麻木，麻木的部位多不固定，呈遊走性，時輕時重，變化多樣，特別是可隨著情緒的變化而發生改變。同時，病人常會伴有焦慮、煩躁、失眠、多夢、記憶力減退、心慌氣短和周身乏力等症狀。

Q 109.睡眠異常與健康有何關係？

A答：人在進入睡眠時，全身肌肉都呈現放鬆狀態，有些行為與生理會隨之改變。睡眠時體溫會下降，生長激素呈現上升狀態，腎上腺皮質素等內分泌激素則會降低。一旦睡眠出現問題時，這些內分泌激素會產生改變，對身體帶來某些不同程度的影響，同樣的，當體內內分泌激素發生改變時，也會對睡眠造成影響。

（1）過度嗜睡。老年人白天過度嗜睡往往是因為腦供血不足所致，應引起家人的重視。有些慢性腦供血不足還會有其他症狀，比如不固定的頭痛、頭重、眩暈、耳鳴、失眠、記憶力減退、四肢麻木、情緒不穩定等，慢性腦供血不足的早期症狀是可逆的，正確治療往往會取得良好的效果。但如果不加治療，就可能引起腦萎縮、老年癡呆症和腦梗死。

（2）嚴重疾病時，會出現嗜睡或意識模糊。有些老年人患了嚴重疾病時，會出現此症狀，此時切不可掉以輕心。

（3）老人睡覺少，多數與各種疾病有關。隨著年齡增加，人們會出現更多疾病，身體疼痛不適，進而影響睡眠。此外，患有高血壓、糖尿病、心臟病、肺部疾病的人尤其容易出現睡眠障礙。由於慢性病大多需要長期服藥，因而藥物副作用也是導致老年人睡眠中斷或嗜睡的重要原因。當然，精神憂鬱焦慮，同樣「難辭其咎」。

（4）入睡困難，精神無法集中，反覆頭痛，無精打采，應注意貧血或憂鬱症，去看心內科。

（5）病態睡眠。① 失眠症。根據失眠發生的時間先後，可區分3種失眠症。一是發生在睡眠初期，表現為很難入睡。二是

表現為全夜時醒時睡。三是發生在睡眠終期，患者過早甦醒，不能再入睡。② 多眠症。表現為白晝多眠或瞌睡過多，或者夜間睡眠過久。一種是原發性多眠症，多屬遺傳病，這和下丘腦功能障礙有關，另一種是伴有食欲亢進、肥胖和呼吸不足等症的多眠症。③ 發作性睡眠症。發作時患者突然入睡，不能自控，但只持續數秒至數分鐘，還經常伴發由肌張力喪失產生的猝倒，多屬先天性的。④ 夢遊症。發生在慢波睡眠的第三、四期，也是回憶能力最低的時期，與患者做夢無關，夢遊時大腦警覺性和反應性均降低，運動也欠諧調。⑤ 遺尿症。多半發生在睡眠的前1/3時期，遺尿症可用藥物或其他方法治療。

Q 110.睡夢可預測健康狀況嗎？

A 答：生命的1/15時間在做夢。一個人整個睡眠過程可分為正相睡眠和異相睡眠兩期。正相睡眠期歷時80～120分鐘，異相睡眠期歷時20～30分鐘，每晚兩期交替4或5次。大多數在異相睡眠中被喚醒的人訴說他們正在做夢，而在正相睡眠期被喚醒的人卻說自己沒有做夢。由於每個人的睡眠在一夜都有幾次異相睡眠期，因此，人人都做夢，夜夜必有夢。夢是健康的表現。當然，做夢也並非多多益善，如果噩夢不斷，則會影響睡眠的時間和品質，這時就應查找原因，進行相應的治療。

（1）心腦血管病。老年人做噩夢，夢見有人追逐，自己身體歪斜扭曲，肢體沉重，情緒激動，醒後心有餘悸、大汗、心跳加快，這些可能與心腦供血不足有關，常是冠心病、心絞痛、腦血管意外的先兆。

（2）潰瘍病。青年人夢見吃飯、飲酒，可能是潰瘍病的先

兆。

（3）癲癇病。癲癇病人夢見電視機受干擾，與人相撞，從空中墜落，提示此病即將發作。

（4）疾病好轉或加重。夢境內容的改變，也可預示疾病好轉或加重，如憂鬱症病人病重時其夢境並不憂鬱悲觀，甚至有時做歡天喜地的夢，而歡樂夢的消失、煩惱夢的增加，倒是症狀趨緩的先兆。

八、其他

Q 111. 過度怕冷預示什麼病變？

A答：（1）缺鐵。缺鐵的人由於血紅素較少，影響了血液的攜氧能力，導致組織能量代謝發生了障礙，人會因產生的熱量不足而感到異常寒冷。

（2）血壓低。血壓低的人末梢血液循環不足，人體組織得不到能量代謝所需的氧和能源物質，所以容易使人經常產生寒冷的感覺，也容易發生凍瘡。

（3）甲狀腺素分泌不足。甲狀腺素屬內分泌激素，參與機體的物質代謝，有加速糖、蛋白質以及脂肪燃燒釋放能量的作用，同時它還會使心跳增快、血壓升高、皮膚等外周器官的血液循環加快，增加熱量。因而甲狀腺素分泌不足時，產熱就會減少，所以怕冷。

（4）冷感症。多見於更年期婦女，原因是由於體內雌激素含量的降低，導致神經血管功能的不穩定所致。最終患者會因全身或局部血液循環不良引起腰、背、小腹、手、足或全身發冷。

Q 112.老年人記憶力衰退預示什麼病變？

A答：（1）腦細胞衰老引起記憶障礙。情緒因素對辨識和回憶過程都有干擾，焦慮緊張、恐懼害怕、心情壓抑等不良情緒均可引起記憶障礙，情緒所致的記憶障礙通常是可逆和暫時性的，當不良情緒消除後，記憶能力恢復正常。隨著年齡增加，人體各器官的功能都有所減退，腦細胞也不例外。一般認為，衰老主要影響記憶的速度和靈活性，即記憶過程比年輕人需要稍長的時間，但是，老年人過去的知識和經驗的記憶保存良好。

（2）腦器質性病變。是老年人記憶減退的重要原因，它往往是全面性的記憶障礙，影響整個記憶過程和所有的記憶內容和成分。老年器質性記憶障礙的首要原因是癡呆，而且記憶減退通常是病人自我覺察到的或家屬、同事發現的第一症狀。

（3）中風。判斷能力下降、異常健忘等可能是中風發病的信號之一。

（4）記憶衰退症。老年人若有記憶力衰退、說話表達困難、判斷力變差、個性急劇改變、重複問問題、對生活事物失去興趣甚至在熟悉的地方走失等情形，應即早就醫進而早期診斷及治療。

Q 113.心理、性格異常可能預示什麼病變？

A答：（1）性格偏差大，血管意外多。腦血管疾病嚴重威脅中老年人健康及生命。內向性格的中老年人要防止腦出血發病危險，積極的心理治療非常重要，首先要學會經常、有意識地進行自我調解，學會用樂觀向上態度對待生活，排除干擾，戰勝自

我。除心理治療外，最關鍵還要改變性格不足之處，如憂鬱、苦惱、孤僻以及自卑、小心眼等。總之，對於內向性格中老年人，既要生理上的治療，如高血壓、冠心病或高血脂症等，又要心理上的治療，標本兼治。

（2）易患神經衰弱症。① 心胸狹窄：對周圍人常有敵意，看什麼都不順眼，下意識中有幸災樂禍的思想。② 焦慮不安：常常對自身健康或客觀情況做出過分嚴重負面的估計，緊張和不安。③ 憂鬱悲觀：對自己的前景總是抱消極的態度，感到力不從心，甚至有厭世輕生的念頭。④ 自制力差：常無法控制情緒的波動，或是辦事虎頭蛇尾，並時有自責懊悔的情緒。過於自我關注，比別人更關心自己的健康，常常會因點小病而擔心患上絕症。

Q 114.重症可能有哪些異常先兆？

A 答：（1）單側腿痛。沒有任何誘因而引發的單側腿痛，常被人們誤認為肌肉痛，其實，它很可能預示著血栓的形成。

（2）持續性咳嗽。持續性咳嗽，並伴有發熱盜汗、乏力、體重減輕等症狀，它多預示肺結核、支氣管炎、過敏症、哮喘、肺癌等疾患。

（3）夜尿頻繁。夜間多尿、乏力、消瘦者應盡早進行血糖含量的測試。此外，尿頻還是尿道感染、前列腺疾病的警鐘。

（4）吞嚥困難。體態肥胖伴有吞嚥困難、劍突下灼燒感等多是反流性食道炎的前兆。此外，吞嚥困難也是食道癌的表現。

（5）頭痛。午夜至凌晨劇烈、持續、跳動性頭痛反映有顳動脈炎存在。

（6）劇烈腹痛。始於中上腹，漸局限於右上腹膽囊區的疼痛常被患者當作胃痛，經服藥，疼痛尚不能緩解者有患膽囊炎或膽石症的可能。

（7）單眼短暫性失明。單眼短暫性視力模糊或突然失明，幾分鐘後又恢復正常，這是中風的前奏。青光眼患者也常伴有此症狀。

（8）口腔潰瘍。舌尖部、嘴唇部的白色點狀或塊狀潰瘍不容忽視。當潰瘍發展到出血、頸部淋巴腺腫大、發音不清晰時，有可能轉化為口腔癌。

（9）疼痛轉移。很多疼痛並不是哪裡疼痛就是哪裡有病變，而是一些急性發作病症在前期出現的局部疼痛。許多病痛往往透過神經放射至體表的某些特定區域，使疼痛部位遠離病變部位，如急性心肌梗塞可引起左肩背、左臂、左小指、上腹部疼痛，甚至牙痛；胃、胰臟病患的疼痛可發生在左肩胛區；肝、膽病患的疼痛可在右肩胛區；腎結石絞痛可在大腿內側根部；闌尾炎早期的疼痛在上腹部。感覺身體某些部位疼痛時，不應該先想到用止痛藥，而要根據疼痛的部位，及時到醫院相關科室就診，確診病因後接受正確的治療。

（10）警惕「無痛作案」的疾病。疼痛本是疾病的一個「紅色信號」，但某些類型的疾病卻善於「無痛作案」，這些疾病往往多見於中老年。① 無痛性心肌梗塞：常見於老年人，由於老年心肌梗塞患者往往痛覺衰退，加上諸多併發症，如心律失常、心力衰竭等，使心前區疼痛被隱飾。為此，老年人突然出現胸悶、憋氣、心悸應懷疑有心肌梗塞的可能。② 無痛性血尿：無痛性間歇性血尿為腎臟腫瘤一大特點，其中大多數為惡性腫瘤。因此，老年人發現血尿，即使無痛，也應及時就醫。③ 無痛性便血：大

腸癌早期便血往往無痛，一些中老年患者常視其為痢疾、腸炎或痔瘡。正確的作法是應及時請醫生做肛門指診，或者用直腸鏡、乙型結腸鏡檢查。④ 無痛性陰道出血：停經期婦女若出現無痛性陰道出血，多數是生殖系統癌瘤在作怪，應及時去婦科檢查。

（11）慢性疼痛。很多女性忽視了日漸嚴重的痛經，結果錯過了治療子宮內膜異位症的最佳時機。同時，疼痛本身也是一種疾病，各種急慢性疼痛會導致神經系統在生理、心理各方面的調節失常、免疫力低下，從而大大增加患病的可能性。

Q 115.長期低熱預示什麼病變？

A 答：長期低熱往往預示著身體可能發生了某種問題。正常人的體溫一般為腋溫36.6～37.4℃，如果有人每日腋溫在37.4～38.3℃波動，且持續3週以上不退，就屬長期低熱。

（1）生理性低熱。包括月經前低熱、妊娠期低熱及高溫環境引起的低熱。

（2）神經功能性低熱。多見於女性、常伴有自主神經功能紊亂或神經功能症狀，如顏面潮紅、心跳增速、血壓暫時性升高，其表現特點為：長期低熱（數月或數年），往往出現於夏季，每年如此（亦稱夏季低熱），體溫一晝夜波動不超過0.5℃。有的晨溫較午後體溫高、體重無變化、多種藥物治療無效、不經治療可自行恢復正常。

（3）感染後低熱。如傷寒等急性傳染病治癒後，仍有低熱持續數週，可能與體溫調節中樞尚未恢復有關。

（4）結核病。如肺結核、腸結核、腹膜結核、腸繫膜淋巴腺結核、骨盆腔結核等均可引起長期低熱。

（5）病毒性肝炎。多數出現於遷延期或恢復期，是長期低熱的常見原因之一，青年女性多見，伴有食欲不振、無力、腹脹、肝區隱痛等症狀。

（6）結締組織疾病。非典型風濕病、類風濕性關節炎均可有長期低熱表現和關節疼痛。系統性紅斑狼瘡等病，早期可有長期低熱。

（7）隱性泌尿道感染。可無明顯的膀胱刺激症狀及尿道症狀，低熱為主要表現。

（8）慢性病灶感染。如牙周膿腫、鼻竇炎、前列腺炎、骨盆腔炎等局部症狀不明顯，細緻檢查可明確低熱原因。

（9）甲狀腺機能亢進。亦可引起低熱，女性多見。常伴有甲狀腺腫大、心悸、出汗、手顫、激動煩躁、食欲亢進、體質消瘦等症狀。

持續低熱還可能是嚴重疾病信號，如細菌性心內膜炎、霍金斯病等。

Q 116.發熱伴隨症狀不同預示什麼病變？

A答：（1）發熱伴有咳嗽、咳痰、胸痛等症狀，常見於呼吸系統疾病。如發熱伴有咽痛、流涕、咳嗽為上呼吸道炎症的表現，呼吸困難可見於重症肺炎、支氣管炎、胸腔積液等。

（2）發熱伴有腹痛、腹瀉、噁心、嘔吐等症狀，常見於消化系統疾病。如急性膽囊炎、急性胰臟炎、腹膜炎等；發熱伴有腹瀉、膿血便，多見於痢疾、急性血吸蟲病、腸道阿米巴病等。

（3）發熱伴有尿急、尿痛、頻尿、腰痠等症狀，常見於泌尿系統疾病。

（4）發熱伴有昏迷、頭痛、嘔吐等神志改變時，常見於中樞神經系統的感染，如流行性腦炎、病毒性腦膜炎、細菌性腦膜炎等；發熱伴有頭痛、腦膜刺激症狀，多見於腦溢血、腦腫瘤、中毒性腦炎、流行性腦脊髓膜炎等。

（5）發熱伴有淋巴腺腫大，並有觸痛者，多為局部感染所致，如全身性淋巴腺腫大，顯示有結核病、血液病的可能。

（6）發熱時出現皮下瘀斑，常見於流行性腦脊髓膜炎或血液病。

（7）發熱時出現皮疹，常見於出疹性傳染病、病態反應、血液病，如麻疹、猩紅熱等。

（8）發熱時伴有肝脾腫大，多見於肝膿腫、病毒性肝炎、傷寒、瘧疾、敗血症、急性血吸蟲病、惡性腫瘤等。

（9）發熱時皮膚出現黃疸，常見於肝膽疾病及敗血症。如病毒性肝炎、中毒性肝損害、膽道感染、溶血性貧血等。

（10）發熱時並伴有皮膚感染，常見於丹毒和癤腫。

Ｑ 117.老人體溫升高預示什麼？

Ａ答：老年人基礎代謝率降低，正常體溫比年輕人低。健康老人清晨口腔溫度為36.7℃，肛門溫度為37.3℃。

由於老年人各種組織器官生理機能減退，機體對內外環境變化的反應能力差，當老年人患有感染性疾病時，可表現為不發熱或發熱不明顯，如老年人患菌血症、心內膜炎、肺炎、腦膜炎或一些嚴重感染性疾病時，常不出現高熱，有的僅出現低熱，也有的體溫甚至會低於正常。相當一部分急性膽囊炎、闌尾炎、胃腸穿孔的老年患者，體溫低於37.5℃，所以根據體溫高低來衡量病

情輕重不可靠。因此，老年人一旦出現發熱，通常預示患有比較嚴重的感染性疾病，甚至有些老年人在嚴重感染時仍不發熱或發熱反應遲緩，而且預後較差。

一般來說，如果老年人的口腔溫度持續高於37.2℃、肛門溫度持續高於37.5℃，或所測體溫比基礎體溫升高超過1.3℃，即表明存在發熱症狀。此外，老年人如身體功能狀態發生急性變化，不論有無發熱，也必須考慮有急性感染存在的可能。在伴有發熱的老年病人中，預示有可能患感染、結締組織病如顳動脈炎、類風濕性關節炎、惡性腫瘤。

因此，當老年人有發熱症狀或有功能狀態急性變化時，必須盡快就診明確病因。

Q 118.哪些發熱是病重信號？

A 答：發熱是疾病的常見症狀，有時來得快，去得也快。但有時患者發熱預示疾病嚴重，甚至已達病危程度，應引起高度重視。

（1）持續不退的高熱。發熱時間長，過量消耗體力，異常疲勞、精神極差、滴水不進、臥床不起，抵抗力大大削弱，病情變重，持續數天的高熱（39℃以上）不退，是病重的信號。

（2）高熱突然劇降。如果患者高熱突然降至正常溫度以下，同時出現渾身發涼、疲乏不堪等時，說明病情已發展到新的嚴重階段。

（3）臥床不起的高熱。如果患者發熱不久就感覺異常疲勞、精神極差、滴水不進、臥床不起，說明患者抵抗力差，病情十分危急。

（4）發熱伴異常消瘦。發熱後消瘦明顯，甚至連路也走不動，提示機體有嚴重病變。

（5）發熱且尿量顯著減少。如果發熱患者尿量很少，一天一夜僅有500CC左右或更少，且有噁心嘔吐症狀，提示腎臟已受到損害，病情相當嚴重。

（6）發熱伴有身上長瘡。發熱患者遍身長瘡，可能是嚴重的細菌感染，細菌在血液中到處擴散，應謹防發生敗血症。

（7）發熱時神志不清。發熱患者如神情淡漠、說話不清或說胡話、煩躁不安等，說明病情已影響到腦部功能，再發展下去可能導致昏迷；如發熱伴有驚厥，也屬大腦受損的表現。

（8）發熱伴呼吸困難。發熱出現呼吸困難、口唇發紺（紫）、心動過速等缺氧現象，表明患者心肺功能受損，是生命垂危徵象。

Q 119.老人低體溫有什麼危險？

A 答：低體溫，是指人的體溫降到35℃以下。一般人感到冷了會打寒顫，起雞皮疙瘩，以減少體內熱量的散失。老人出現低體溫後，可能無任何不適與痛苦，發病緩慢，甚至危及生命時也無明顯症狀，很容易被忽視，導致體內熱量會因保暖不當而持續散失，使體溫越來越低。有的老人則因為睡眠不好服用冬眠靈、安定、甲基多巴等鎮靜類藥物，這些藥物可引起低體溫。發生低體溫時會出現皮膚蒼白、青紫、面部腫脹、全身肌肉僵硬、腹脹、寒顫、思考障礙、呼吸頻率及咳嗽反射降低、心搏緩慢，可突發室顫或心搏驟停，導致猝死。當老年人的體溫在35～36℃，而室內溫度在10～18℃時，老人有冷的反應。一旦體溫降到35℃以下

時，老年人冷的感覺就會逐漸消失，如果此時仍未注意，老人就有猝死的危險。

為了防止體質虛弱的老人發生低體溫，在寒冷的冬季，老人的居室應採取防寒保暖措施，應及時給老人添加柔軟暖和的衣服和被褥，外出時應特別注意保護頭和腳；同時多吃些羊肉、雞肉、豬肝、豬肚、帶魚等禦寒食品；鼓勵和幫助老人在室內進行適宜的運動，使體內多產生一些熱量，老人體溫過低時，可用溫熱水給病人擦洗四肢，以促進血液循環，提高體溫。情況嚴重時應立即送醫院治療。

護理體溫降低的老人時應注意保持室溫在25～27℃，以促進病人的體溫回升，及時給予氧氣吸入或加壓給氧，還可以用熱水袋保暖，但是對於體質減弱、昏迷的老人，要注意熱水袋的溫度不可過高，以防燙傷。注意觀察體溫的變化，及時給予靜脈補液治療，應用抗生素預防感染，減少併發症的發生。

Q 120.人體出現異常聲音預示什麼病變？

A 答：當人體發生病變時，會出現各種異常的聲音，有些人用耳朵可直接聽到，但有許多體內的異常聲音則需要借助先進的儀器才能聽到。患有不同疾病的人的體內會發出不同的聲響。

（1）「嘶、嘶」或「呼嚕、呼嚕」的聲音。肺氣腫、氣管炎患者，體內會發出「嘶、嘶」或「呼嚕、呼嚕」的聲音。

（2）馬蹄聲、小鐘鈴聲。高血壓性心臟病、冠心病、心肌炎患者，體內會發出類似馬蹄聲；患有膿氣胸的患者，體內會發出像小鐘鈴的聲音。

（3）潮水聲、綿羊叫聲。甲狀腺機能亢進的患者，其體內

會發出像潮水一樣的聲音；患有肺炎而胸腔有積液的患者，體內可發出類似綿羊般的「咩咩」叫聲。

（4）「咕嚕」聲、「咕咕」聲。患有腸炎、痢疾等症的患者，體內常發出沉悶的咕嚕聲；梅毒性心臟病患者，體內可發出類似鴿子「咕咕」聲音。

（5）溪流聲、「嗡嗡」聲。糖尿病患者，其體內可發出一種像小溪流水似的聲音；患有腦供血不足、失眠症、嚴重神經衰弱的患者，體內會發出一種像蜜蜂叫的「嗡嗡」聲。

（6）「沙沙」聲。患有嚴重皮膚病的患者，其體內有一種「沙沙」聲音。

（7）異常鼾聲。到起床時間仍貪睡，而且鼾聲大作，很難叫醒，往往是中風的危險信號，可能顱內出血或者血栓梗塞，影響了中樞神經的表現。平時經常打鼾的人更容易患有心臟衰竭疾病，在導致心臟衰竭方面，打鼾的嚴重性甚至相當於吸菸和糖尿病。

（8）關節「咯咯」響聲。許多人在活動手腳時關節會發出「咯咯」的響聲。這是一種正常的生理現象，只要發出響聲時沒有痛感就無需看醫生。

Q 121.人體顏色變異預示什麼病變？

A 答：人體顏色體徵的變化可能預示某些疾病已經上身。

（1）紅臉。有高血壓的人終日面色通紅，看上去氣色很好。有高熱的人，面呈紅赤。危重病人本來面色蒼白，突然之間面色紅潤，可能是病情惡化之兆，應予重視。

（2）紅痰。痰中帶血顯示是身體出了毛病，如肺癌、支氣

管炎、支氣管擴張、支氣管癌等都可引起痰中帶血，但咽喉炎、胃或食道病變也可使痰液變紅。

（3）紅痣。許多人身上都有痣，但一般不會長大，無不適感，只要不影響面容就不必理會。但是痣突然發生了變化，如顏色變得更紅，周圍皮膚也泛紅，且有痛癢感，就需去醫院檢查是否屬惡變，或者乾脆動手術切除。

（4）紅尿。紅尿即血尿。血尿伴尿痛、尿急、尿頻，多係泌尿系統感染，若血尿伴腰背部和上腹痛、噁心、嘔吐、出冷汗等，可能是患有腎結石或輸尿管結石；如伴有浮腫、高血壓、消瘦，應疑腎病；若是無痛性血尿，並無其他症狀，更不可掉以輕心，應考慮到是膀胱癌的可能。此外，一些藥物如利福平、酚酞等，也可引起尿液變紅。

（5）紅便。大便帶血最常見的是痔瘡、肛裂，這時多為鮮血。便血如伴有大便形態或習慣改變，應疑大腸癌，大便呈暗紅色，有時還會是胃部病變。

（6）紅帶。婦女白帶紅白相間，稱血性白帶，紅帶應警惕患腫瘤的可能，如子宮頸癌等，特別是進入更年期的婦女，更要進一步檢查以排除癌變。但良性病變也會出現這種白帶，如子宮頸息肉、黏膜下肌瘤、子宮頸糜爛等。

（7）紅手掌。健康人的手掌呈粉紅色，但如果過紅，尤其大拇指根部和小指根部下面鼓起的地方發紅，似手掌紅斑，很可能是患肝硬化及慢性肝炎。

（8）嘴唇蒼白、發紫。嘴唇是內臟的信號燈。嘴唇蒼白的男人必是貧血，嘴唇紫色者是肺病，嘴唇黑色者是肝臟患病，發熱的人嘴唇常是紅色。

（9）皮膚顏色變化。人體皮膚顏色的一些微妙變化也是肝

病的早期信號，皮膚和眼睛泛黃，是病毒性肝炎的急性期表現；面色晦暗是肝炎信號之一，與太陽曬黑的皮膚不同，肝病病人會面部暗淡而無光澤度；嚴重的黑眼圈也是慢性肝臟疾病的早期症狀，其中大多數為慢性B型肝炎。

Q 122.行為姿勢異常預示什麼病？

A 答：（1）機械式端坐。坐下時，只有兩手扶在膝蓋上或扶持床邊才感到舒服，顯示心臟過於疲倦。

（2）閉眼站立時身體搖晃。兩腳靠近直立閉眼，身體就大幅度晃動，為小腦或脊髓功能可能異常表徵。

（3）坐臥不安。體位變化頻繁輾轉反側，坐也不是臥也不是，可能有膽石症、腸絞痛等隱患。

Q 123.男孩、女孩的健康問題有哪些不同？

A 答：（1）男孩易出現的狀況。① 中耳炎。男孩更容易患中耳炎。初期症狀就是發熱和嘔吐。3個月到3歲期間是高發期。② 疝氣。兒童腹股溝疝氣的發生在男孩身上的機率比女孩子高10倍，且更多發生在右腹部。③ 幽門狹窄。先天性幽門狹窄是種多基因遺傳病，男孩發病率為女孩的5倍。④ 突然死亡。嬰兒猝死綜合症是1個月到1歲孩子最主要的死因，且男嬰更容易發生。⑤ 過動症。男孩發生比例是女孩的3倍，症狀要到孩子入學以後才能發現。⑥呼吸困難。哮喘更易發生在男孩身上，症狀包括呼吸急促、喘息和咳嗽，有家族病史的孩子易患此病。⑦ 胖男孩比女孩更易患高血壓。肥胖男孩在受激情況下，血壓容易升高，而一

且精神處於放鬆狀態，升高的血壓也不易恢復到正常狀態，若血壓長期持續出現在較高水平時，則會損害腎和其他器官的功能。

（2）女孩易出現的狀況。① 長胎記。由血管擴張造成的突起的、粗糙的紅點在幼女身上比在男童身上更常見。② 激素危機。女孩天生甲狀腺機能減退的可能性是男孩的2倍，這種調節生長和新陳代謝的激素分泌不夠，會導致身體和發育的滯後。③ 尿道問題。女孩子更容易尿道感染，因為女孩尿道較短，加之接近肛門，細菌容易上行進入膀胱，發生尿道問題。④ 脊柱畸形。女孩子更容易脊椎側彎。⑤ 乳頭滲漏。是由於雌激素分泌過高而引起的。⑥ 臀部發育不良。因臀部發育不良造成的大腿骨和膝蓋骨的錯位，女孩發生的機率是男孩的4倍。

（3）男孩、女孩在語言、視覺、攻擊性等方面存在的區別。① 女孩在語言能力很多方面（辭彙、閱讀理解、寫作、拼寫和語法等）優於男孩。嬰兒期，女孩就比男孩說話早，辭彙量豐富，說話也更流利，伶牙俐齒。但男孩在閱讀的某些領域，例如科技、探險、運動等內容方面的閱讀和理解能力上優於女孩。② 視覺空間能力，是指識別物體的結構或想像形狀的改變，包括空間知覺和心理旋轉。男孩優於女孩。4歲時，男孩在心理旋轉的能力上就有一些優勢，這種優勢隨年齡增長有增無減。在9歲時，男孩的空間知覺能力超過女孩，並且差異會隨年齡變大。在一些要求有較強的空間能力的職業中，比如工程學、工業製圖和機械學等，目前女性比例較低。這種能力的差異也可能和孩子童年不同的生活經驗有關。以玩具為例，男孩更多的喜歡拆裝玩具，經常用目光追隨在空間中運動的汽車、飛機模型，而女孩更多地專注於洋娃娃，因此在視覺空間方面的練習和經驗肯定要少於男孩。所以，幫女孩養成了解周圍環境的習慣，學會使用地

圖，將使她們終生受益。③ 攻擊性行為，男孩的「打人」、「動粗」被看作是一種淘氣，容易得到諒解，而女孩這樣則會被斥責、懲罰或者受到小朋友的排擠，而且出現在媒體中男性的攻擊性行為使得小男孩有很多模仿對象，小女孩則相對缺少攻擊性的女性示範，這種從社會性因素角度出發的解釋被越來越多的人認可。

第二章

時間與健康的關係

Q 124.一日之內的時間與健康疾病有什麼關係？

A答：（1）清晨頭暈、頭昏或頭痛。如果晨起後頭腦昏昏沉沉的，或者有頭暈現象，患者可能頸椎骨質增生、壓迫頸椎動脈，影響大腦血液供應。另外，人在血黏度增高時血流減慢，血氧含量下降以致大腦供血、供氧受到不良影響，而血黏度的高峰值一般在早晨出現，所以早晨頭暈、頭昏者有可能患有頸椎病或患有高黏血症。

（2）早醒失眠。早晨2～5點從睡夢中醒來之後感到疲乏無力，但再也難以入睡，而且醒後悶悶不樂，這種狀況臨床上稱之為早醒失眠。主要見於各類憂鬱症和精神心理障礙病人，尤以憂鬱症患者多見。有一些人出現的心理障礙最早症狀就是早醒失眠，並伴有煩躁不安症狀，嚴重的會導致輕度精神障礙，老年性癡呆也與其有一定關聯。

（3）清晨浮腫。一般健康人在早晨醒後也可能出現輕度的浮腫，但起床後浮腫現象應在20分鐘之內徹底消失。如果在清醒後，頭面部仍有明顯浮腫，特別是眼瞼浮腫，提示腎臟病變。心臟病引起的浮腫以全身浮腫、下肢浮腫為主，且起床活動後浮腫不消失。貧血患者也可伴有清晨浮腫，但浮腫程度相對輕一些。

（4）清晨僵硬。指清晨醒來感覺全身關節、肌肉僵硬，活動受限制。一般老年人早晨醒來有輕度的晨僵現象是正常的，如果老年人清晨醒來後有明顯的晨僵，而且全身的關節活動不靈活，就說明可能有類風濕、風濕和骨質增生等疾病。晨僵有時不一定僅限於手部，其他關節和肌肉也可出現。晨僵時間越長，表明病情越嚴重。一些過敏性疾病，如多形紅斑、皮肌炎、紅斑性狼瘡、硬皮病等，也會出現比較明顯的晨僵現象。

（5）清晨心慌、饑餓。清晨四、五點醒來後感到饑餓難忍，心慌不適，同時伴有疲乏無力，吃些食物後症狀可以有所緩解，但仍有口乾舌燥想喝水的念頭，直到早餐過後才逐漸恢復正常，可能是患有糖尿病。

（6）黎明腹瀉。有些人一到黎明時就有幾次稀水腹瀉現象，可能是患有慢性腸炎或者腸結核。

（7）拔牙最好在下午。由於人體的痛覺反應上午較下午敏感，故拔牙應盡可能安排在下午，若必須在上午拔牙的患者，應進食一頓豐盛的早餐，避免空腹拔牙，以免因緊張導致低血糖反應。拔牙前還需要有充沛的精力和體力，如剛熬完夜或長途旅行剛結束時、過度勞累後都應避免拔牙。此外，感冒時別拔，患有甲狀腺機能亢進、肝炎、腎炎、血液病或糖尿病的病人，尤其是老年病人，應進行必要的檢查和治療，必須在病情控制後才能拔。

（8）半夜上腹痛。夜間睡覺後，突發上腹疼痛而使病人痛醒，尤其是40歲以上的女性，體型較胖的，首先要考慮為膽結石、膽絞痛。

（9）上夜班的人容易發胖。上夜班的人容易發胖有3個原因：① 上夜班的人生理時鐘紊亂，容易引起內分泌失調，使分泌的激素發生變化，如合成脂肪的胰島素白天分泌多，夜晚分泌少，如果日夜顛倒的話，夜班族晚上胰島素分泌多，合成脂肪也就多了；② 上夜班的人常在下班後吃夜宵，吃得過多、夜宵熱量過高，也會因為能量攝入過多而發胖；③ 許多夜班族工作的時候幾乎都坐著，沒有什麼運動，而一下班回到家裡就睡覺，白天、晚上消耗能量都較少。

（10）深夜易發的疾病。當人們夜深酣睡之際，有的老人會

突然發病，甚至死亡。深夜易發的主要疾病症有腦動脈硬化性腦血栓、冠心病、心絞痛、心肌梗塞、風濕性心臟病、睡眠呼吸暫停綜合症。

Q 125.春季有哪些流行病？

A答：春天萬物復甦，各種細菌、病毒「蠢蠢欲動」，所以春季是多種傳染病的高發季節。

（1）流感。流感是常見的呼吸道傳染病，潛伏期1～3天，主要症狀為發熱、頭痛、流涕、咽痛、乾咳，全身肌肉、關節痠痛不適等，發熱一般持續3～4天，也有表現為較重的肺炎或胃腸型流感。

（2）流行性腦膜炎。是由腦膜炎雙球菌感染腦膜或腦脊髓膜引起的呼吸道傳染病，腦膜炎雙球菌首先侵入呼吸道，患者在發病第1天出現類似上呼吸道感染的症狀，如發熱、鼻塞及輕微咳嗽等。第2～3天，致病細菌很快進入血液系統，破壞掉人體正常血細胞，形成敗血症，導致感染中毒性休克，患者表現為寒戰高熱、面色蒼白、精神不振，身上出現瘀斑或瘀點。病菌還會透過血腦屏障，進入到腦組織，導致腦膜炎，出現劇烈頭痛、噴射性嘔吐，甚至抽搐。如果患者突發高熱，並伴劇烈頭痛和嘔吐時，千萬不要盲目服用感冒藥來止痛退熱，而應立即到醫院就診。

（3）麻疹。麻疹是由麻疹病毒引起的急性呼吸道傳染病，春季是高發季節。麻疹患者前3天的症狀很像感冒，有發熱、流涕、咳嗽、打噴嚏等症狀，有的還伴有兩眼發紅、畏光，淚眼汪汪的。不過，在發熱後期，患者的口腔內可出現小白點，周圍有

紅暈。到了發病的第4天，患者開始出皮疹，首先從耳後開始，以耳垂為中心，逐漸由脖子發展到顏面、胸背、四肢、手腳心，共歷時3天。接下來的3天，皮疹逐漸消退，所以，人們常稱麻疹為「燒三天、出三天、退三天」。麻疹本身並不可怕，但它容易引發肺炎、心肌炎、心臟衰竭、腦炎等多種併發症。麻疹傳染性極強且傳播迅速，發病人群以兒童為主，易在托兒所、小學等團體單位爆發流行，部分青壯年也可感染。

（4）風疹。是由風疹病毒引起的急性呼吸道傳染病，一般症狀較輕，僅有低熱及較輕的感冒症狀。臨床表現為發熱，面部、頸部及軀幹、四肢出現淡紅色斑丘疹等。感染對象主要是5～9歲兒童，很容易在幼稚園、中小學、校工宿舍中引起集體感染，部分成年人、孕婦、育齡婦女也可感染。其中，孕婦早期感染風疹病毒後，可透過胎盤垂直傳播給胎兒，造成胎兒死產或畸形。

（5）流行性腮腺炎。腮腺腫大是首發體徵，還有頭痛、肌肉痠痛等症狀，持續7～10天，多見於5～10歲的兒童，主要透過飛沫及與病人接觸傳染。

（6）水痘。這是由水痘病毒引起的急性傳染病，多見於兒童，主要透過直接接觸水痘疱疹液和空氣飛沫傳播，因此在托兒所、幼稚園及小學中常引起流行。發病最初兩天很像感冒，但一般在發熱當天出疹子，包括丘疹、水疱疹、水疱破後形成的結痂疹等。疹子較癢，患者常不由自主地搔抓，一旦抓破容易引起細菌感染，得特別小心。

（7）狂犬病。狂犬病是一種人獸（畜）共通的死亡率極高的傳染病，被攜帶狂犬病病毒的犬、狼、貓、鼠等肉食動物咬傷或抓傷會致人感染。隨著天氣逐漸變暖，動物陸續進入發情和換毛期，性情狂躁，容易傷人。一旦被狗等動物咬傷或抓傷要立即

沖洗傷口，並及時到醫院接種狂犬病疫苗，醫院並應通報有關單位。

（8）猩紅熱。是由乙型溶血性鏈球菌引起的急性呼吸道傳染病，早期咽部充血、扁桃腺紅腫，表現為發熱、咽痛、頭痛、噁心、嘔吐等症狀。一般發熱24小時內出皮疹，先是耳後、頸部、上胸部，一天內蔓延至全身。皮疹呈鮮紅色，針頭大小，像「雞皮疙瘩」。若用手指按壓，紅暈可暫時消退，10秒鐘則再恢復猩紅色。

Q 126.春季頭痛是什麼原因？

A答：（1）睡眠不足。春季日照時間明顯延長，早晨天亮時間提前了，人腦中的松果體根據光亮分泌激素，使人早早醒來。這樣，人體的睡眠時間也會因為早醒而減少了近30分鐘，造成睡眠不足，引起精神緊張，大腦血管反射性輕度擴張，從而發生緊張性頭痛，這是睡眠節律改變而引起的，應注意調節。

（2）受涼感冒。春季氣候不穩定，溫差變化較大，忽冷忽熱。如果人體抵抗力差，不能適應這種變化，或不注意隨時增減衣服，就容易受涼感冒而發生頭痛。

（3）病毒感染。春季氣溫上升，但氣溫變化大，這種溫差大的氣象條件，容易導致病毒性疾病的發生。人感染病毒後不一定出現典型的疾病，但會發生病毒血症，此時，人體產生抵抗病毒的抗體去殺滅和清除病毒，引起顱內血管擴張，甚至有輕度顱內壓升高，從而出現頭痛、噁心、嘔吐等症狀。

（4）衣原體感染。春暖花開季節最容易發生衣原體感染。衣原體是介於細菌和病毒之間的一種微生物，人體感染衣原體後

可能發生氣管炎、肺炎、眼結膜炎、尿道炎等疾病。衣原體侵入人體可引起明顯的頭痛和關節疼痛。

（5）血壓升高。在春季，高血壓患者的血壓往往隨著氣溫升高而急劇上升，而血壓升高的症狀之一就是頭痛。

春季預防頭痛應注意調整睡眠時間，抗高血壓和預防感染。如果已經發生了頭痛，應查明病因，應針對病因進行治療。

Q 127.夏季要防治哪些常見病？

A 答：（1）中暑。輕度中暑，應立即撤離高溫環境，飲用含食鹽的清涼飲料，如冰鎮汽水、綠豆湯等；重度中暑者在去醫院急救前要迅速進行物理降溫。

（2）腸道傳染病。包括霍亂、傷寒和副傷寒、細菌性痢疾等。預防腸道傳染疾病，要喝開水，不喝生水；吃熟食，不吃腐敗變質食物，尤其不要生食或半生食海產品、水產品；勤洗手。

（3）水及電解質紊亂。即因高溫大量流汗，而沒有及時補充水分和鹽分等。每天要喝2,500CC的水，流汗多的工作，還應在水中加入適當的鹽。

（4）夏季感冒。夏季感冒又稱暑濕感冒，俗稱的熱傷風。應起居有度，中午盡量少出門，對於老年人和有慢性病的人中午最好有午睡；飲食上多吃清淡的，多吃西瓜、喝綠豆湯等。

（5）空調病。空調房間與室外的溫差較大，如果人們經常進出空調房間，就會引起咳嗽、頭痛、流涕等感冒的症狀。有汗時進空調房，切記先換掉濕衣，擦乾汗水；經常開窗換氣，開機1～3小時後關機，然後打開窗戶通氣；室內外溫差不可超過7℃，否則出汗後入室，將加重體溫調節中樞負擔。

Q 128.秋季有哪些常見疾病？

A答：（1）胃病。10月份是慢性胃炎和胃、十二指腸潰瘍病復發的高峰期，因此人們要參加適當的體育活動，日常膳食應以溫軟淡素易消化類為宜。

（2）哮喘病。有哮喘病史的人對氣溫、濕度等的變化極為敏感，而且適應能力弱。另外，草枯葉落的深秋過敏物質大量增加，也是該病易發的重要原因，因此要弄清引起哮喘發作的過敏源，盡量避免與之接觸。

（3）心腦血管疾病。秋天是心腦血管病的多發季節，寒冷會引起冠狀動脈痙攣，直接影響心臟本身血液的供應誘發心絞痛或心肌梗塞。因此，心腦血管病人秋天應堅持服用治療冠心病或高血壓的藥物，定期檢查心電圖和血壓，積極預防感冒等可能誘發心腦血管病加重的疾病。

（4）腹瀉。秋季天氣涼爽，人的食欲增加，易暴飲暴食，致使胃腸負擔加重，功能紊亂，晝夜溫差較大，易引起腹部著涼，或誘發結腸過敏，使腸蠕動增強而導致腹瀉。因此應注意飲食健康，並根據天氣變化及時增減衣服。

（5）細菌性痢疾。簡稱痢疾，是由痢疾桿菌所致的一種常見腸道傳染病，多見於夏秋季，但常年皆可見散發病人。細菌侵入腸道後，可引起大腸黏膜充血、水腫並形成潰瘍和出血。菌痢病人和帶菌者為本病的傳染源，主要是透過水、手、蒼蠅而傳染，潛伏期大約為1～2天。

預防秋季常見病，應注意及時增添衣服，加強鍛鍊，增加身體抵抗力。

Q 129.冬季常見病有哪些？

A答：（1）口角炎。指口角皮膚和黏膜交界處潮紅、脫屑、糜爛、皸裂、出血、疼痛。冬季空氣乾燥，嘴唇發乾，如果用舌頭去舔，唾液在乾燥空氣下立刻蒸發，從而越舔越乾，致嘴唇、口角乾裂，口腔中的細菌乘機侵入口角，引發炎症。另外冬季進食新鮮蔬菜減少，造成維生素B_2缺乏也可誘發口角炎。

（2）鼻出血。又稱鼻衄，是鼻黏膜小血管，尤其是鼻中隔前下方血管網破裂引起。冬季氣候寒冷乾燥，鼻黏膜容易結痂，用手挖鼻孔易致出血；冬季是感冒和鼻炎發病的高峰期，這兩種疾病都容易引起鼻出血。

（3）耳凍瘡。是耳部肌膚對寒冷（氣溫在10℃以下）的異常反應，還與肢端血液循環障礙、氣血運行不暢等因素有關。耳朵的血液供應比其他部位少，除耳垂有脂肪組織可保溫外，其餘部分只有較薄皮膚包著軟骨，裡面的血管很細微，保溫能力較差，因而很容易凍傷。耳凍瘡的復發率很高，往往「一年生凍瘡，年年都復發」。

（4）青光眼。青光眼是一種致盲眼病，多在冬季最冷的月份發作。其症狀是眼痛、眼脹、視力減退，並伴有頭痛、噁心等症狀。

（5）呼吸道疾病。流行性感冒是由流感病毒引起的急性呼吸道傳染病，主要傳染源為患者和病毒攜帶者。在發病的最初3天，傳染性最強，病毒隨打噴嚏、咳嗽或者說話噴出的飛沫傳播，老年人、體弱者、吸菸者、嬰幼兒最容易被感染，老年人和伴有慢性呼吸道疾病或心臟病患者易併發肺炎甚至危及生命。

（6）兒童腹瀉。冬季的兒童腹瀉通常是由輪狀病毒引起的

消化道疾病。對於此病一般沒有特效藥物治療，大多數孩子1週左右會自然止瀉，嚴重者很容易發生脫水，或出現肺炎、病毒性心肌炎、病毒性腦炎等嚴重併發症。前期通常表現為上呼吸道感染症狀，如發熱、流鼻涕、嘔吐，容易被誤診為感冒。隨後出現腹瀉、嘔吐，一天腹瀉十多次，嚴重的甚至腹瀉三、四十次。孩子出現精神萎靡和脫水症狀，如果不及時診治可能危及生命。

（7）低體溫綜合症。老年人在冬季發生低體溫綜合症的死亡率高達70%左右，該病主要由人體受寒冷刺激引起，病人體溫會降至35℃以下，自覺畏寒怕冷、皮膚濕冷、四肢冰涼、不願起床。

（8）肝病。冬天是肝病的高發季節。冬天天氣寒冷，人們經常在一起喝酒，並吃一些辛辣、油膩、肥潤的飯菜，而這些習慣都容易引起肝臟損傷，導致酒精性肝病，如酒精性脂肪肝、酒精性肝炎、酒精性肝纖維化和酒精性肝硬化，表現為全身乏力、腹脹、厭食、厭油膩、低熱、黃疸等症狀，此外患者還有發胖跡象。

Q 130.不同年齡階段易患哪些疾病？

A 答：（1）20～30歲易患過敏症、膀胱炎。青年時期的免疫系統活動不斷增加，因而反應特別強烈，易患過敏症，但大部分人到了成年期，過敏自然消失。年輕的女性則容易得膀胱炎，原因是衣物穿得太緊。

（2）30～40歲易患偏頭痛、胃潰瘍。這個年齡階段約每20人就有1人易患偏頭痛，而且主要是女性，造成這種病的原因從喝酒到服避孕藥都有可能，因此找到主要原因就可減少偏頭痛。

易患胃潰瘍的一部分原因是細菌感染，另一部分原因是生活方式造成的。

（3）40～50歲最常見的病是心肌梗塞、膽結石。預防心肌梗塞的方法是不吸菸、不喝酒，不要有過大的壓力，少吃動物油，經常活動，多吃蔬菜和水果。

（4）50～60歲最容易患癌症。主要原因是環境污染、飲食不當、吃有毒性的食物以及吸菸、心理因素等。

（5）60歲以上的常見病是骨質疏鬆。60～70歲也是糖尿病的高發期，此時，人的身高比年輕時矮3公分左右，肺活量則少了一半，進入「百病易生期」。

（6）70～80歲進入全面衰退的階段。這是人體機能全面衰退的階段，大腦和血管的衰老逐年遞增，一半左右的老人會患冠心病，1/5的老人會出現癡呆症狀。此時宜適當運動，平時要多用腦和勤用左手。

（7）80歲以後，此時全憑以往的保健效果來決定生命的長短。

Q 131.不同年齡鼻出血的原因是什麼？

A 答：鼻出血的原因很多，有局部因素也有全身因素。局部的原因有鼻部外傷、鼻前庭炎、萎縮性鼻炎、鼻血管瘤、鼻咽部腫瘤、鼻異物、過敏性鼻炎等；全身性的原因有上呼吸道炎、血友病、血小板減少性紫癜、再生障礙性貧血、白血病、風濕病、肝硬化、維生素C缺乏、慢性充血性脾腫大等。乾燥也是鼻出血的原因。不同年齡，鼻出血原因各異。

（1）孩子流鼻血。是十分常見的現象，鼻腔內有一個易出

血的區域，即鼻中隔的前下方，這個區域血管很多，黏膜也很薄，當受到外力衝擊時，很容易出血。此外，過熱、過冷或過於乾燥的氣候也可以損傷鼻黏膜，使之發炎、糜爛，引起出血。所以孩子經常出鼻血，應該到醫院做有關的檢查，以確定出血的原因，排除血液系統疾病。如果是因鼻黏膜乾燥破裂引起的出血，可以戴口罩，以增加鼻腔的濕度。此外，還要注意糾正孩子挖鼻孔的習慣，禁吃辛辣食物。

（2）成年人流鼻血。如果青年期大量出鼻血，首先要考慮鼻咽纖維瘤可能，還與勞累、運動等有關；中年以上更不能排出惡性腫瘤，特別是清晨回縮涕中帶血絲者，更需注意。在青春期，當女性月經未能在預定日來臨，所引發的鼻出血，叫「代償性月經」，起因是月經來潮時，身體凝血功能變差，引發鼻出血，更年期女性激素分泌不平衡，也是鼻出血的多發期。一般情況下，鼻腔血管破裂性流血並不需要特別治療。

（3）老年人鼻出血。不少老年人鼻出血是在驚嚇、憤怒等情緒異常情況下發生的，出血部位多見於鼻腔後部，出血量大，止血相對困難，這顯示高血壓及動脈硬化程度已經相當嚴重，是中風的重要信號。老年人鼻出血不是一種孤立的症狀，很可能是腦出血的早期信號。

Q 132.中年應主動進行哪些健康管理？

A答：（1）測量身高和體重。如果體重超重或肥胖，易導致高血脂、高血壓、高血糖和冠心病等富貴型疾病發生，當然過分消瘦同樣也不利健康。中年還要注意身高變化，特別是女性進入更年期後，雌激素分泌減少，容易發生骨質疏鬆，觀察身高變化

能及時發現骨質疏鬆症，及時治療，防止發生意外。

（2）測血壓。高血壓是引起冠心病、心力衰竭、腦中風、腎臟疾病和視網膜疾病的首要危險因素。3～20歲的兒童及青少年每年測一次血壓；25歲以上的人每次去醫院就診時都應測一測血壓；40歲以上及那些有高血壓家族史的人，家中就應該常備血壓計，經常測量血壓，做好自我保健。

（3）測血糖。持續而明顯的高血糖會導致如白內障、神經功能障礙、心絞痛、腦血栓、心肌梗塞，甚至發生猝死。40歲以後應定期檢測血糖，特別是直系親屬中有人患糖尿病、自己本人又屬肥胖或是腦力工作者，尤應引起重視。

（4）測血脂。高血脂患者沒有異常感覺，更應定期監測。高血脂症發生年齡越小，冠心病的發生就越早。人到老年一定要定期測一測血脂，萬萬不要等到因持續高血脂造成主要臟器嚴重併發症時才匆匆就醫，這樣為時已晚。

（5）人過中年出現腹痛要查心電圖。中老年人在冬季如果突然發生不明原因的腹痛，最好去醫院做個心電圖檢查，以免被致命的心肌梗塞所蒙蔽。發生在心肌下壁的急性梗塞，由於發病部位與膈肌相鄰，疼痛很容易放射到上腹部，引起上腹疼痛，有時還伴有腹瀉、嘔吐等症狀，單從臨床表現上很難分辨，極易被誤診為消化道疾病，而做個簡單的心電圖檢查就可以發現潛在的危險，因此，只要是40歲以上的男性患者，或者是50歲以上的女性患者發生臍以上的肚子疼，首先要做心電圖檢查，以便進行鑑別診斷。

（6）查癌關鍵在40歲。從癌基因突變到癌細胞形成初罹癌，可能需要近10年的時間。50～60歲是多種癌症的發病高峰期，如果在40歲左右就注意進行健康檢查，注意身體發生的一切

細微的變化，就可能從一些異常徵候中發現早期癌變的徵象。

（7）測α-胎兒蛋白和B型超音波。40～50歲的中年人是肝癌高發年齡層。肝癌早期往往無症狀，甚至肝癌瘤體直徑達到4～5公分時，病人仍沒有明顯的臨床症狀。凡年齡在40歲以上、B型肝炎表面抗原攜帶者或慢性肝炎患者等肝癌高危人群，每隔半年做一次α-胎兒蛋白和B型超音波檢查，就能及時發現早期肝癌，早期治療，以達到滿意的效果。

Q 133.更年期女性有哪些生理變化和疾病？

A答：（1）神經內分泌改變。在這一時期，由於雌激素分泌減少，會出現一系列自主神經功能紊亂表現，如失眠、心煩、多夢、出汗、低熱、身上有蟻行感等。潮紅、潮熱是更年期婦女最常見最典型的症狀，潮紅是患者有時突然感到從胸部向頸部及面部擴散的熱浪上延，上述皮膚部位伴有彌散性發紅，常伴有出汗、心悸、胸悶等症狀。出汗後又感畏寒，使人感到心神不定、情緒不佳，有時影響日常工作，冬季裡出汗後遭涼風可反覆感冒，使機體免疫力下降。潮熱是指有時單有熱感而無皮膚發紅及出汗。潮紅、潮熱常同時存在。停經後期，自主神經系統已逐漸適應了機體的變化，在重新調整下達到新的平衡，於是潮熱症狀自然消失，潮熱一般可持續1年以上，有5%的婦女持續5年以上。其發作的頻率個體差異較大，有些偶爾發作，時間短促，有些則每天發作，持續時間數秒至數分鐘不定，嚴重時每天發作數十次，持續時間長達15分鐘。

（2）精神心理改變。一種表現為精神憂鬱、失眠多夢、情緒低落、表情淡漠、注意力不集中，常丟三落四等；另一種表現

為精神興奮、情緒不穩定、易煩躁激動、敏感多疑、喜怒無常，常為一些小事而大吵大鬧，爭吵不休等。

（3）生理機能改變。隨著年齡的增長，雌激素分泌減少，一些組織器官的功能也會隨之下降，其中以生殖系統的功能下降最為明顯，其次是第二性徵的變化。月經紊亂是更年期首先出現的症狀，其主要表現為月經週期不規則，最常見的形式是週期提前，月經持續時間縮短，經量逐漸減少，然後完全停止，此為雌激素撤退性出血，而不是真正的月經；還可表現為停經一段時間後發生子宮出血，持續2～4週或更長。

（4）子宮、乳房萎縮。子宮長期受雌激素的作用而維持正常機能。雌激素數值下降後，子宮開始萎縮，停經後萎縮到拇指大小。隨著子宮萎縮，其分泌物逐漸減少，子宮頸口變窄甚至完全閉塞。乳房對於雌激素的調節作用最為敏感，雌激素數值下降會導致乳腺組織減少和乳房鬆軟、下垂、塌陷，最終導致乳房萎縮。

（5）臟器下垂。多見的子宮下垂、陰道膨出及脫肛，是婦女盆腔中的韌帶、肌肉、筋膜等結締組織隨著雌激素數值下降而出現彈性降低和鬆弛，導致牽引能力減弱產生的結果。

（6）身材變矮。年齡增長和雌激素數值下降，導致骨質疏鬆、椎體皮質變薄、脊椎壓縮、椎間隙縮短、身體前屈，造成彎腰駝背。中年女性要限鹽補鈣。

（7）尿道、陰道易感染。雌激素數值下降後，膀胱，尿道、陰道抵抗力下降，易合併細菌感染，出現膀胱炎、尿道炎、陰道炎。

（8）更年期女性患心臟病風險增大。女性在未進入更年期之前，體內的雌激素具有保護心臟的功能，因此女性患心臟病的

危險比男性低。但在進入更年期之後，女性患心臟病的可能性就追上男性了，而且一旦患上心臟病病情都會比較嚴重。婦女進入更年期，隨著卵巢功能的衰退和消失，體內雌激素分泌日漸減少，由此，脂肪代謝發生紊亂，血脂尤其膽固醇增高，血液黏稠度增高，血小板凝聚力和吸附力增強，冠狀動脈容易發生血栓而造成心肌梗塞，所以更年期的女性必須注意心臟病的危險性，做到合理膳食，加強體育鍛鍊，保持健康體重，並定期檢測血脂、血壓、心電圖等，以便於心臟病的早期診斷。

Q 134.中老年常見哪些疾病？

A 答：（1）糖尿病或前列腺疾病。小便增多，常上廁所，晚上口渴，尤其是夜尿增多，尿液滴瀝不淨，要小心糖尿病或前列腺疾病。

（2）高血壓、腦動脈硬化症。上樓梯或斜坡時就氣喘、心慌，經常感到胸悶、胸痛，或近日來常為一點小事發火、焦躁不安，時常頭暈，要小心高血壓、腦動脈硬化症。最近變得健忘，有時反覆做同一件事，要小心腦動脈硬化、腦梗塞等。

（3）支氣管擴張、肺結核。近來咳嗽痰多，時而痰中帶有血絲，要小心支氣管擴張、肺結核等肺部疾病。

（4）胃腸疾病或肝膽疾病。食欲不振，吃一點油膩或不易消化的食物，就感到上腹部悶脹不適，大便也沒有規律，要小心胃腸疾病或肝膽疾病。胃部不適，常有隱痛、反酸、噯氣等症狀，要小心慢性胃潰瘍或其他胃部疾病。

（5）肝臟疾病或動脈硬化。近來酒量明顯變小，稍喝幾口便發睏、不舒服，第二天還暈乎乎的，要小心肝臟疾病或動脈硬化。

（6）腎臟疾病。臉部眼瞼和下肢常浮腫，血壓高，多伴有頭痛、腰痠背痛，則可能患了腎臟疾病，引起慢性腎臟病的病因有感冒、扁桃腺炎、糖尿病、高血壓病等和勞累導致的免疫力下降、吸菸、高血脂症、藥物中毒等。

（7）直腸癌。大部分結腸癌、直腸癌患者糞便中均帶血，因此檢查糞便是否帶血是最簡單、最精確的方法。若定期檢查中發現息肉病變時可立即切除。

（8）骨關節病。早晨起來時關節發硬，並伴有刺痛，活動或按壓關節時有疼痛感，要小心風濕性骨關節病。中老年女性特有的膝關節病有：① 停經期關節炎。一般多累及膝關節，表現為紅腫熱痛、功能受限，但血沉檢查大多正常。② 脂肪壓縮綜合症。好發於兩側膝關節附近，觸之似有界限不清的腫塊，皮膚像橘子皮一樣，伴有疼痛感，說明腫塊與皮膚有纖維組織相連，該病一般不會引起癱瘓、畸形，局部疼痛較重時做封閉治療以緩解症狀。③ 半月板損傷。中老年婦女內側膝關節後部有壓痛者很常見，可能是內側半月板後部水平撕裂的結果，半月板損傷不一定有明顯的運動性損傷，易被誤診為骨性關節炎。

（9）中年女性發胖。婦女更年期體重增加，遺傳因素、神經系統和內分泌系統發生變化是主要原因。一些直接決定情緒和食欲的神經肽類物質較年輕時增加或減少，使更年期婦女不願活動，食欲大增；卵巢功能衰竭導致雌激素低下，使脂肪分解減少，進一步加重了肥胖。

Q 135.哪些返老還童現象要注意？

A 答：衰老是人類不可抗拒的自然規律。現實生活中有老年人

會偶爾出現「返老還童」現象，不少人認為是健康長壽之吉兆，其實不然，這些現象常常是某些疾病發生的信號，要引起足夠的重視。

（1）白髮變黑。人到老年頭髮應該變白，但有些人已變白的頭髮卻又變黑了，一般推測與內分泌系統紊亂有關。特別是伴有性功能亢進及皮膚變細膩等現象，很可能是垂體腫瘤、腎上腺細胞癌等疾病的早期徵兆。

（2）長出新牙。正常情況下，老年人脫牙以後不會長出新牙，而出現新牙最常見的原因是牙齦萎縮，使殘留在牙床的多生牙或未脫盡的殘根顯露；口腔如果長出新牙常常與內分泌紊亂或惡性腫瘤有關，因此不要掉以輕心。老年人長「新牙」絕非返老還童，而是衰老加快的表現。

（3）視力好轉。老年人眼花了之後，要戴老花鏡，有些人則在短期內忽然視力好轉，甚至摘掉老花鏡，這種反常現象可能是白內障的早期信號。

（4）再來月經。老年人在停經後又見陰道出血，約有一半為良性疾病所致，如子宮息肉、老年陰道炎、子宮肌瘤等；另一半為惡性疾病，如子宮頸癌、子宮內膜癌等，而且往往還是晚期腫瘤。

（5）飯量大增。有些老年人平時飯量不大，這是正常生理現象，而忽然一段時間飯量劇增，這往往是甲狀腺素大量分泌使患者有饑餓感。另外，患有糖尿病、皮質醇增多症、絛蟲病、鉤蟲病的老年人也會出現飯量增大現象。

Q 136.老年人患病有哪些常見徵兆？

A答：（1）摔倒。很多疾病都有可能引發老人摔倒，如心臟病、骨質疏鬆症、眩暈、腦血管疾病、聽覺或者視覺喪失、大小便失禁。藥物中的有毒成分也是使老人摔倒的原因，人們特別要當心對神經有特殊作用的藥物如鎮靜劑、降壓藥物及可能引起低血糖的藥物。

（2）頭暈眼花。很多疾病如貧血、心律不正常、藥物中毒、憂鬱症、感染、耳病、眼疾、中風、心肌梗塞、腦瘤或者是耳朵裡堵滿了耳屎，都會引起頭暈眼花。

（3）食欲減退。可能是心臟衰竭的徵兆，或者是肺炎的開始，還可能是憂鬱症或者是感到孤獨。

（4）精神錯亂。精神錯亂的原因有藥物中毒脫水、血液中含氧量過低、貧血、營養不良、感染和沒有治癒的甲狀腺疾病，其他因素包括視覺和聽覺減退。

（5）大小便失禁。老年人出現大小便失禁的原因有尿道感染、運動太少和新陳代謝失常，此外，利尿劑和鎮靜劑也會導致失禁。

（6）憂鬱症。憂鬱症在老年人中是最常見的精神疾病，導致憂鬱症的誘因有酗酒、癡呆、中風、癌症、關節炎、髖骨骨折、心臟病、慢性肺病和帕金森症。憂鬱症還與喪偶、殘疾或者過於關心他人有關。

（7）精神狀態的改變。是藥物中毒或者心理損傷的徵兆。持續數天或數星期的精神功能的退化，常常是服藥或者接受麻醉的後果。

Q 137.老年患病有哪些特點？

A答：（1）多個臟器出現功能障礙。老年人患某種疾病後，可能會導致多個臟器出現功能障礙，比如老年人患普通感冒很容易併發肺炎，繼之引起原有的心臟病病情加重，甚至引發心力衰竭。老年病人起病隱匿，臨床表現不典型，常多種臟器疾病同時存在，病情進展快，容易發生併發症，易發生藥物不良反應及藥源性疾病。

（2）手術容易導致各臟器衰竭。老人做各種手術之前，要對周身情況做全面衡量，因為老人往往容易於手術之後，導致各臟器衰竭。

（3）心腦血管病導致下肢靜脈血栓形成。老人多數血管硬化、血液黏稠度增高、血流緩慢，所以，患了腦血管病、骨折或手術後，要鼓勵病人早期活動，防止下肢靜脈血栓形成。

（4）老年人的肝、腎功能多有下降，對藥物的吸收、分解、排泄都不及年輕人。老年人病後用藥首先應選擇對上述臟器損害小的藥物。其次用藥量應酌情減少，如老年服用退燒藥，每次最好服1/3～1/2片，避免過多出汗，引起虛脫。

（5）對病患引起的痛覺遲鈍。由於老年人中樞神經系統的退化性改變，感受性下降，對痛覺遲鈍。當疾病發展到嚴重程度時，症狀和體徵常常不典型，或僅表現為生活規律的變化，對症狀的敘述有時也含糊不清，如老年人患急性心肌梗塞時可以不出現劇烈胸痛，而僅述胸悶、氣短等。

（6）多種疾病並存。老年人由於全身各系統生理功能不同程度地下降，防禦功能及代償功能降低，易同時患有多種疾病。

（7）易發生合併症。老年病人易發生合併症，常見的合併

症有水、電解質紊亂、運動障礙、大小便失禁、褥瘡等。

（8）病程長，康復慢。老年人患病往往因病情複雜、合併症多，導致病程一般比成年人長，且康復慢。

Q 138.老人體重變化預示什麼病變？

A 答：（1）老年人體重減輕。體重突然不斷下降，可能是甲狀腺機能亢進、消化或吸收能力不好，甚至可能是慢性傳染病或惡性腫瘤，也可能是老年癡呆症的先兆。如果在服用利尿劑後體重減輕，是體內多餘的水分被排出，體重減輕是正常現象。

（2）老年人體重增加。如體重增加並非由於吃得過多，就要去看醫生。檢查是不是甲狀腺出了毛病，是不是由於心臟、腎臟、肝臟病引起的水腫使體重增加。老年人要節制飲食，避免因身體過重增加心臟的負擔。

Q 139.生命中有哪些魔鬼時刻？

A 答：不少疾病的發生與惡化具有明顯時間特點，人生中幾乎每天、每月、每年都有一些「特殊」危險時期，將其歸納到一起，便可總結出人生中的五個「魔鬼時刻」。

（1）一天之中的「魔鬼時刻」是黎明。一天中，人最危險的時候是黎明。人在黎明時分，血壓、體溫變低，血液流動緩慢，血液較濃稠，肌肉鬆弛，容易發生缺血性腦中風。

（2）一週之中的「魔鬼時刻」是星期一。在一個星期中，星期一是心腦血管病人的危險時間，發病及死亡危險比其他幾天高出40%，星期一中風最多，星期天下降至最低。星期一老人最

好別出遠門，外出則要有家人陪伴，以防不測。

（3）一月之中的「魔鬼時刻」是農曆月中。一個月中對生命最有威脅的是農曆月中，這與天文氣象有關。月亮具有吸引力，它能像引起海水潮汐一樣作用於人體的體液，每當月中明月高掛之時，人體內血液壓力最低，血管內外的壓力差、壓強差特別大，這時容易引起心腦血管意外。

（4）一年之中的「魔鬼時刻」是12月。一年中最危險的月份要數12月，該月份死亡人數居全年各月之首，佔死亡總數的10.4%。這與氣候寒冷、環境蕭瑟，人到歲末年關精神緊張、情緒波動，抵抗力、新陳代謝低等有關。此月，一些慢性病常常會加重或病情變化大。

（5）一生之中的「魔鬼時刻」是中年。人的一生，中年是個危險的年齡階段。人到中年，生理狀況開始變化，會出現內分泌失調，免疫力降低，家庭、工作、經濟、人際關係等壓力增大，增加的種種負擔導致中年人心力交瘁、疲憊不堪。

第三章

幾種常見病的
症狀、病因

Q 140.高血壓有哪些異常症狀？

A答：高血壓患者的血壓緩慢升高，對心、腦、腎等臟器的損害在臨床早期並沒有異常表現，而患者往往也沒有什麼不舒服感覺。一旦高血壓的各種併發症出現時，再治療就比較困難了。因此了解其早期信號對及早治療、幫助病體恢復非常有好處。

（1）神經系統異常。主要是頭痛、頭暈、注意力不集中、記憶力減退、煩躁、失眠、易激動等。頭痛是高血壓患者經常出現的症狀，其誘發原因多種多樣，有時是高血壓本身引起的，有時是精神過度緊張引起的，更為重要的是，它還可能是中風的前兆。對於高血壓患者來說，千萬別忽視了頭痛這個危險的信號。緊張性頭痛往往發生在高血壓早期，血壓波動在130～140/85～90毫米汞柱的多為青壯年人，且頭痛多局限於一側或兩側的前頭部及後頭部。血壓波動在140～160/90～100毫米汞柱的多為中老年人，其頭痛可從頸枕部擴散至前頭部、眼眶及太陽穴，頭痛多為搏動性痛，常較劇烈。血壓波動在160～190/95～120毫米汞柱之間者常伴有糖尿病、冠狀動脈病變、高血脂症等其他疾病，當患者突然血壓上升時，往往出現意識模糊、全身抽搐、頭痛、劇烈嘔吐、暫時性視力喪失等症狀，患者家屬要警惕，這很可能是腦中風的警訊。

（2）眩暈、失眠、耳鳴。女性患者眩暈出現較多，可能會在突然蹲下或起立時發作。失眠多為入睡困難、早醒、睡眠不踏實、易做噩夢、易驚醒，這與腦皮質功能紊亂及自主神經功能失調有關。耳鳴是耳朵裡有嗡嗡聲和叮咚聲，這預示可能患了中耳炎；耳內有叩擊聲，這往往是高血壓病的最初徵兆；糖尿病、食物過敏反應和血液循環障礙也能引起耳鳴。

（3）心血管系統異常。高血壓合併腎功能損害時可出現貧血，高血壓會導致心肌肥厚、心臟擴大、心肌梗塞、心功能不全，這些都可能導致心悸、氣短。

（4）運動系統異常。如肢體麻木、乏力、頸背肌肉緊張、痠痛等，常見手指、腳趾麻木或皮膚如蟻行感，手指不靈活。其他部位也可能出現麻木，還可能感覺異常，甚至半身不遂。

（5）鼾症。鼾症是高血壓的信號，嚴重鼾症者高血壓患病率較高，所以經常打鼾者切勿掉以輕心，尤其伴有睡眠時憋氣現象的人，應經常測量血壓，以便早期發現高血壓病，使其得以及時治療。

（6）泌尿系統異常。如夜尿增多、蛋白尿、腎功能異常、男性陽痿等，警惕高血壓。原本不經常夜起的人，突然出現夜間尿頻、多尿的異常表現，可能與腎臟病變有關，而腎臟病變的程度又與血壓升高數值及病程長短密切相關。

（7）臉色蒼白者留神「白色高血壓」。如果一個人的臉色顯得過於蒼白，人們首先想到的是貧血，而不會想到與高血壓有關，其實，在高血壓疾病中，有一種與貧血有關的特殊高血壓，民間稱為「白色高血壓」。「白色高血壓」通常是腎血管性和腎性高血壓的特徵。

Q 141.高血脂的症狀與信號有哪些？

A 答：高血脂的發病是一個慢性過程，輕度高血脂通常沒有任何不舒服的感覺，所以定期檢查血脂至關重要。高血脂症較重的會出現頭暈目眩、頭痛、胸悶、氣短、心慌、胸痛、乏力、口角歪斜、不能說話、肢體麻木等症狀，最終會導致冠心病、腦中風

等嚴重疾病。

血脂增高，特別是血膽固醇增高，既是動脈硬化性心腦血管病的主要原因之一，又與缺血性心臟病的發生率有明顯關係，所以應引起重視。

（1）小腫瘤、黑斑。膽固醇過高時，在皮膚上會鼓起小腫瘤，這種小腫瘤表面光滑，呈黃色，多長在眼皮、胳膊肘、大腿、腳後跟等部位。短時間內在面部、手部出現較多黑斑（斑塊較老年斑略大，顏色較深），記憶力及反應力明顯減退。

（2）水痘狀物、黃色瘤。中性脂肪過高時，皮膚上會出現許多小指頭大小且柔軟的水痘狀物，呈淡黃色，主要長在背、胸、腕、臂等部位，不痛不癢。少數高血脂症患者在皮膚上可以看到黃色瘤，它是發生在皮膚的局限性隆起，顏色可為黃色、橘黃色或棕紅色，邊界清楚，質地比較柔軟，常見於眼瞼周圍。家族遺傳性高血脂症更容易出現黃色瘤。

（3）手指叉處變黃。表示體內膽固醇和中性脂肪脂過高。

（4）抽筋。腿肚經常抽筋，並經常感到刺痛，這可能表示膽固醇過高。

（5）肝腫大。胖人血液中的脂肪成分多，膽固醇積存於肝臟的脂肪內，很可能會引起肝腫大，該現象除表示可能罹患肝炎外，也可能為膽固醇過多。

（6）臉黃疣。是中年婦女的血脂增高的信號。主要表現在眼瞼上出現淡黃色的小皮疹，剛開始時為米粒大小，略高出皮膚，與正常皮膚截然分開，邊界不規則，嚴重時佈滿整個眼瞼。

（7）頭昏腦脹。早晨起床後感覺頭腦不清醒，早餐後可改善，午後極易犯睏，但夜晚很清醒，清晨頭暈、頭昏或頭痛可能患有頸椎骨質增生、血黏度增高等疾病，正常健康成年人午飯

後也會有困倦感覺，但可以忍耐，血黏度高的人午飯後馬上就犯睏，需要睡一會兒，否則全身不適，整個下午都無精打采。

（8）陣發性視力模糊。血黏度高的人血液變黏稠，流速減慢，不能充分營養視神經，導致陣發性視力模糊，這是血液使視神經或視網膜暫時性缺血缺氧所致。

（9）眼袋。眼袋與血脂增高有關。「眼袋」是人體脂肪代謝功能障礙的表現，「眼袋」顯著的人大多患有家族性高血脂症，其中51%的人同時存在動脈硬化症。凡有「眼袋」的人應當去醫院檢查，包括心臟聽診、測量血壓、查心電圖、檢測血脂。如果存在高血脂、動脈硬化、冠心病等情況，應在醫生的指導下積極進行治療。

（10）蹲著工作氣短。血黏度高的人多為肥胖者，這些人下蹲困難，或者蹲著工作時氣短，有些人根本蹲不下來。因為人下蹲時，回到心、腦的血液減少，加之血液過於黏稠，使肺、腦等重要臟器缺血，導致呼吸困難。

Q 142.動脈硬化有哪些徵兆？

A答：有高血壓、高血脂家族史的年齡40歲以上，如果出現以下徵兆，一定要特別注意動脈硬化。

（1）記憶力衰退。尤其是對人名、地名、數字、日期和最近發生的事情容易忘記，有時想做的事一轉身即忘了，對童年或往事卻記得很清楚。

（2）頭暈頭痛。時輕時重，但常有發作。頭不舒服，經常覺得頭腦發沉、發悶（頭部有緊箍和壓迫感）、頭暈頭痛，時常伴有耳鳴，看東西不清楚。

（3）手指哆嗦。拿筷子或拿筆，手指輕微哆嗦，這是動脈硬化的典型症狀之一。

（4）性格變化。常常因為生活中的小事激動、發脾氣、憂傷。情緒不穩定，喜怒無常，原本節儉者變得吝嗇、自私，過去穩重的人變得固執，本來情感比較脆弱者變得更加多疑傷感，說話顛三倒四、語無倫次。

（5）肢體麻木、有蟻行感。一側肢體或肢體的一部分麻木、無力、感覺異常。步態慌張，走路及轉身緩慢、僵硬或不穩。思考反應遲鈍。

（6）耳垂產生皺紋。

（7）睡眠不好。入睡困難、易醒、多夢等，有些人需服用安眠藥才能入睡，有些人表現為貪睡，總覺得睡眠不夠。

（8）角膜老年環。一些老年人眼球角膜（黑眼珠）靠近鞏膜（白眼珠）的邊緣部分有一圈灰白色或白色的角膜老年環，這是老年人動脈硬化的信號。

（9）腰臀比過高。即便身體不超重，如果腰臀比過高，鈣就容易在血管裡堆積，從而造成動脈硬化，最終會引發高血壓、心臟病和腦中風。防止「壺形腰」的最好方法是健康飲食和體育鍛鍊。

Q 143.心力衰竭的症狀有哪些？

A答：心力衰竭是由於各種原因造成心臟的肌肉不能有效地將血液從心臟排出而引起全身各個器官的缺血、瘀血以及器官功能失調。心力衰竭多發生於老年人之中，其症狀主要有以下幾點。

（1）工作或上樓時，發生呼吸困難。心力衰竭最典型的表

現是活動後心慌、氣短。正常人走3～5層樓梯，會感到心跳加快，有些氣喘，休息一會兒就沒事了，但是心衰病人走幾層樓梯後就感到嚴重氣急，心臟像要從喉嚨跳出來，而且即使休息20～30分鐘，仍感到氣急、呼吸困難，甚至心跳越來越快，病情重者走平路都氣急，醫學上稱為「勞力性呼吸困難」。

（2）睡眠時突然呼吸困難，坐起時又有好轉。心力衰竭病人晚上睡覺時會突然憋醒，覺得氣不夠用，呼吸困難，需要馬上坐起來，大口喘氣，才會逐漸地好轉。這種情況醫學上稱為「夜間陣發性呼吸困難」。嚴重的病人需要整夜坐在床上，醫學上叫作「喘坐呼吸」。有的老年人夜間入睡後，會突然因胸悶、氣急、咳嗽、呼吸困難而驚醒，不得不坐起來，片刻後胸悶、憋喘症狀好轉，又可繼續入睡。

（3）腹痛、腹瀉。心力衰竭按其部位分可為左心衰和右心衰。左心衰是以肺循環瘀血為主，臨床主要表現有呼吸困難、咳嗽、咳痰、咯血、疲乏等。右心衰是以體循環瘀血為主，臨床主要表現可因肝及胃腸瘀血而出現胃納差、腹脹、噁心、嘔吐，甚至類似急性腸炎的腹痛、腹瀉症狀。

（4）下肢水腫，尿量減少。右心衰竭的病人主要表現為體循環瘀血，最典型的症狀就是水腫，水腫一般發生在下垂部位，而且隨著心力衰竭程度的加重，水腫的部位也不斷發展。

（5）咳喘、痰多。老年人多有慢性支氣管炎，也常易發生上呼吸道急性感染，咳嗽痰喘是常見症狀，但往往就是這種炎症性的咳嗽會掩蓋心衰咳喘。

（6）抽搐，呼吸暫停。心衰病情加重，四肢抽搐，呼吸暫停，發紺。但發作後，又馬上恢復正常，血壓下降，心率加快，面色蒼白，皮膚濕冷，煩躁不安，痰多。

（7）老人左心衰的症狀。① 白天尿量減少，夜間尿量增多，體重有明顯增加。② 血壓較平時高，特別是舒張壓高。③ 白天站立或坐著時不咳嗽，平臥或夜間臥床後出現乾咳。④ 白天走路稍快或輕微工作後即感到心慌、胸悶、氣促，休息時脈搏較平時增加20次/分鐘以上，呼吸增加4～5次/分鐘以上。⑤ 夜間睡覺時必須墊高枕頭，呼吸方覺舒適，否則即感到胸悶、氣促。⑥ 睡眠2～5小時後會因胸悶、氣促而驚醒，坐起或起立片刻後可好轉。⑦ 咳嗽痰多且呈白色泡沫狀，勞累後或輕微工作後尤為明顯。⑧ 體胖超重的人特別容易發生左心衰竭。舒張壓高，又突然感到胸悶、氣促，咳出大量白色泡沫痰，也應提防左心衰竭的可能。

（8）老年人早期右心室衰竭和早期全心衰竭的徵兆。老年人早期右心衰，多繼發於左心衰，稍活動即會心慌、胸悶與氣促，小腿、足背處呈壓陷性浮腫，有時還可見到紫紺。還有一些老年人右心衰是由肺部疾病發展而來，故患有支氣管哮喘或支氣管肺炎的病人，應著重治療肺部疾病，防止右心出現衰竭。老年人如出現全心衰竭，多數先出現左心衰竭，處理不及時才發展成為全心衰竭，一般只要能及時發現早期左心衰，進行適當的處理，全心衰竭基本上是可以避免或可以推遲發生的。

Q 144.心臟病的症狀與信號有哪些？

A答：（1）打鼾、耳鳴、耳垂產生皺紋。如果一個人長期持續打鼾，就要留心是否患有心血管方面的疾病，心臟病人都具有不同程度的耳鳴；45歲以上的中年人如果一週內頻繁出現耳鳴，應及時去醫院檢查。有的人年老後，在耳垂處從耳朵口向外下方

有一條斜行皺紋，這意味著動脈硬化、心臟缺血。

（2）肩痛、胸痛。肩痛尤其發生在左肩、左手臂的陣發性痠痛，與氣候無關；胸痛多在工作或者運動之後發於胸骨後，常放射至左肩、左臂。對於心臟病的高發人群，出現15分鐘以上的胸背急性疼痛，應該被盡快送往醫院，檢查心電圖，以防心肌梗塞。

（3）胸悶、氣短、呼吸困難。出現胸悶最多見的是冠心病。當感到胸悶、胸骨後疼痛、有時還會向左肩部和背部放射時，要考慮是否有心絞痛，及時去醫院診治。氣短指呼吸頻率加快，出現氣喘，劇烈運動後，健康人也會氣短，如果進行輕微的活動就出現氣短，就需要就醫檢查。

（4）頑固性咳嗽、牙痛、胃痛。頑固性咳嗽連續兩週以上，又找不出病因，很可能是充血性心臟病或肺癌信號。牙痛可成為冠心病發作的一個較為特殊的信號，隨著年齡的成長，大腦及心臟神經纖維逐漸產生了退化性變化，對痛覺的敏感度降低，以致心絞痛的部位可以在胸骨後或心前區，也可放射到下頜、下牙齒。所以沒有牙病史且無端出現陣發性牙痛，服用止痛藥不能緩解，應懷疑冠心病。若持續10～15分鐘上腹痛，吃藥後得到緩解可能只是消化不良或胃痛而已，但如果持續30分鐘，藥物無效，還呼吸不了、有瀕死感覺就要懷疑是否心臟出問題了。心臟病引起的胃痛很少會出現絞痛和劇痛，壓痛也不常有，只是有一種憋悶感覺，有時還伴有鈍痛、火辣辣的灼熱感及噁心嘔吐感。有時呃逆不止。

（5）水腫、頻頻脫髮。頻頻脫髮可能與患心臟病有關；心臟負荷過重會導致遠端血管充血性水腫，早晨醒來時，頭面部有明顯浮腫，特別是眼瞼腫，或伴有全身的浮腫，提示有腎病或心

臟病。貧血患者也可伴有清晨浮腫，但浮腫程度相對輕一些。

（6）心悸、心慌。感覺心臟在胸腔內咚咚地跳稱為心悸。人們一般感覺不到心臟的搏動，在劇烈運動、興奮時，健康人也會感覺到心悸，但在安靜狀態下的輕微運動，如果感到心悸就是異常了。心悸由各種能夠導致心臟功能下降的疾病引起，心律不整、心臟神經官能症也能引起心悸。此外，貧血也能引起心悸。心臟病患者突然出現心慌、氣短、不能平臥、吐粉紅色泡沫樣痰、嘴唇及手指末端發紫，應盡快送醫院搶救。

（7）老人白天犯睏，心臟發病機率高。老人睡不醒特別是白天犯睏者，其心臟病發病機率大增。當心臟出現疾患時，氧氣交換和臟器的血液灌注就會出現障礙，其中大腦對此最為敏感，當能量和氧供不足時，就會使人產生昏昏欲睡、精力不濟的感覺。

（8）脖子持續青筋凸起。如果脖子上的靜脈持續凸起，說明三種情況：① 心功能不全，特別是右心功能不全，最多見的是肺心病，肺氣腫；② 心包發病，有心包炎或心包積液。正常人坐位時頸靜脈不明顯，平躺時可稍見充盈，充盈範圍僅限於鎖骨上緣至下頷角距離下2/3內。如果脖子上青筋凸得越厲害，說明頸靜脈壓力越高，意味著心功能越差，或心包壓力越高。③ 腔靜脈狹窄也會引起頸靜脈壓力大，脖子青筋凸起。

（9）手背血管變化。有人手背上靜脈會極端地浮現，血管脹得像要裂開似的，如此徵兆預示有心臟病的可能。

（10）陽痿。陽痿可能是心臟病的早期信號之一，男性如發生一、二次陽痿時，應到醫院檢查一下心臟功能，以早期發現可能存在的心臟病。

Q 145.老年性心絞痛的症狀有哪些？

A答：老年性心絞痛發作時，其表現形式各種各樣，除典型的心前區疼痛外，尚有以下幾種特殊表現形式。

（1）頭痛。頭部一側或雙側的跳痛，且伴有頭暈感，往往在工作時發生，休息了3～5分鐘則緩解。

（2）牙痛、咽喉疼痛。牙床的一側或兩側疼痛，以左側為多，又查不出具體的病牙，且與酸、冷刺激無關，用止痛藥亦無效，有的可延伸到齶的兩側或頸部，也可出現牙痛、下頜痠脹等症狀。咽喉疼痛可表現為咽部或喉頭部疼痛，可沿食道、氣管向下放射，伴有窒息感，且咽喉無紅腫，上消化道，鋇餐檢查無異常。

（3）肩、頸部疼痛。有的心絞痛患者表現為左肩及左上臂內側陣發性痠痛，但也有的超過左肩放射到右臂，通常表現為隱痛，並可延伸到手腕、手指和手臂內側，且多有手臂沉重感。頸部疼痛表現為頸部的一側或雙側跳痛或竄痛，多伴有精神緊張、心情煩躁。

（4）耳痛、面頰部疼痛。少數患者可表現為單側耳痛，多伴有胸悶、心悸、血壓增高；少數心絞痛患者表現為面頰部疼痛，且有心前區不適。

（5）腿痛。心絞痛的腿部放射痛並不少見，但只放射到腿的前部，有時達到內側的四個足趾，不放射到腿的後部。

（6）上腹部疼痛、胃部隱痛。心絞痛可出現有上腹部或劍突下及右上腹部疼痛。心絞痛可引起消化不良，病人感到胃部隱痛、胃脹氣、灼熱、噁心和有飽滿感，用抗酸劑、打嗝或解大便後雖可暫時減輕，但不久又復發。

（7）呼吸急促。患者輕微活動即氣喘吁吁，稍稍休息雖可減輕，但只要活動，又會感到氣不夠用，重則出現頭暈、昏厥。

（8）不舒服感、疲勞感強。心絞痛發作前數小時、數天或數週，患者往往就有不舒服的異常感覺，心絞痛患者一般有明顯的疲勞感，此種疲勞為全身性的，偶爾連挺直身子的力氣也沒有。

Q 146.腦血管病的症狀、信號有哪些？

A 答：腦血管病多為突發，經常檢查才能有效預防。

（1）突然口眼歪斜、口角流涎、說話不清、吐字困難、失語或語不達意，甚至不能講話，但能聽到人講話。不由自主地強笑強哭，飲水發嗆，甚至吞嚥困難。一側肢體乏力或活動不靈活，走路不穩或突然跌倒。

（2）突然感到一側肢體麻木無力，或一側臉部、手、足、舌、唇麻木、嘴歪、上下肢活動受限。身體某部位的麻木或刺痛感，精神錯亂，言語困難，手腳無法移動。

（3）突然頭痛，或伴有噁心、嘔吐、頭昏、眼黑，甚至鼻出血，或頭痛、頭暈的形式和感覺與往日不同，程度加重，或由間斷變成持續性，這些徵兆表示血壓有波動或腦功能障礙，是腦出血或蛛網膜下腔出血的預兆。

（4）意識障礙，精神萎靡不振，老想睡覺或整日昏昏沉沉。性格、思考、智力、行為也一反常態，突然變得沉默寡言、表情淡漠、行動遲緩或多語易躁，也有的出現短暫的意識喪失。

（5）全身疲乏無力，出虛汗、低熱、胸悶、心悸或突然出現打嗝、嘔吐等，這是自主神經功能障礙的表現。

（6）單眼「跳動」。就是在眼球突出時同時伴有脈跳相一致的搏動，常有眼脹痛、視力下降等現象，患者易誤認為患了眼病，多到眼科診療，實際上有時是一種腦血管病——頸內動脈海綿竇瘻的症狀。

（7）視物變形。生活中，有些中老年人晨起後會突然感到雙眼視物模糊，看到東西會變形，如牆壁是歪的，方桌是圓的。有的還會產生幻覺，對不存在於眼前的人和物，卻說得栩栩如生，有聲有色。重者眼前一片漆黑，甚至出現瞬間失明，時間持續數秒鐘到數分鐘不等，休息數分鐘後視力可自然恢復。中老年人一旦出現上述以視物變形為主的症狀，應考慮到患有高血壓、動脈粥狀硬化的可能性。

（8）眼瞼下垂。眼皮越來越厚重，還忽然有些下垂，早晨輕，晚上重。這時應該警覺到這是不是重症肌無力的先兆，比較可怕的還有顱內動脈瘤。

Q 147.老年性癡呆有哪些症狀、信號與影響因素？

A 答：早期干預老年性癡呆可以延緩其發病或發展5～7年。老年性癡呆的早期影響因素、信號如下。

（1）轉瞬即忘、顧前忘後、隨手亂放物品。

（2）判斷力降低、抽象思考能力喪失，詞不達意、時間和地點概念混亂。

（3）脾氣和行為變化無常、性格變化，失去主動性。

（4）老年人如果出人意料地體重下降，這很可能是老年癡呆症先兆，而老年癡呆症的症狀可能要等數年之後才會顯現出來。

（5）老年斑。人在進入老年後細胞代謝減弱，細胞核內產生了一種叫不溶性脂褐質素的色素物質，它作為廢物在細胞內堆積，逐漸形成了老年斑。這種色素不僅在皮表細胞內堆積，也在心、肝、腎上腺及腦組織中堆積。一旦堆積在腦細胞中便可逐步使腦細胞變性，進而發生腦功能不全或喪失，這時人的記憶、思考、語言等一系列功能都可發生障礙，實際上是已經發生了老年性癡呆。老年斑不宜經常受到刺激，也不宜經常受日光照射。一旦變癢甚至搔抓出血或變得凸凹不平時應謹防惡變傾向。

（6）中年健忘老來易癡呆。癡呆已不是老年人的「專利」，逐步呈現年輕化趨勢，血管性疾病作為老年癡呆的誘因也日益突出。中年人忘性大比較正常，但如果經常忘事，有些事刻意去記還會忘，事後還想不起來，甚至影響了工作和生活，就有必要到醫院做個檢查，以排除老年癡呆的可能。

（7）高血壓加速腦萎縮、腦癡呆。高血壓會使人腦正常的老化過程變快。當人步入中年時，大腦神經細胞減少、重量減輕，開始自然萎縮，與記憶有關的區域如海馬區萎縮得尤其厲害，且高血壓病史越長，腦萎縮情況越明顯，患老年癡呆症的風險也越大，因此控制血壓很重要。

（8）心律不整或同癡呆有關。不規律且快速的心臟跳動不僅是心臟疾病的症狀，更可能與癡呆症有關。

Q 148.癌症的症狀有哪些？

A 答：（1）腫塊、潰瘍、黑痣突然增大。身體任何部位出現腫塊，且逐漸增大或腫塊已數年，近來突然增大迅速。頸部、腹股溝內有可觸摸的硬塊（超過兩個星期），預示有炎症，有時甚

至有得癌症的危險；慢性潰瘍，常規治療經久不癒。皮膚、黏膜發生改變，如舌頭、頰黏膜、皮膚等處沒有外傷，但出現了經久不癒的潰瘍、黏膜白斑或黑痣等。黑痣突然增大，或破潰出血、疼痛、搔癢、脫毛及顏色改變；乳房內腫大或乳頭排出血性液體。非懷孕、哺乳的女性，乳頭有溢乳流水現象；唇、舌、口腔、陰莖、陰唇出現白斑或萎縮、出血，重度子宮頸糜爛、包皮過長等。

（2）出血。不規則陰道流血或白帶增多；反覆、無痛的出血如血尿、陰道出血，大便帶血、涕血、痰中帶血、皮下出血等；單側鼻出血或單側進行性加重的頭痛和複視，尤其是單側鼻血；大便帶血，或排便困難與腹瀉交替出現；無痛性血尿。

（3）有吞嚥梗阻感、聲音嘶啞。胸部悶脹或胸骨後燒灼感。進食時胸骨後有梗阻感、刺痛，自覺有食物下降緩慢感。持續的打嗝。進食時胸骨後有悶脹、作痛、異物感或吞嚥不順；出現不明原因的長期消化不良、食欲不振、低熱、貧血、消瘦；持續性聲音嘶啞是肺癌的最重要的早期特徵。

（4）疼痛、發熱。原有慢性肝炎，反覆發作肝區疼痛，持續性刺痛存在；逐漸加重的頭痛，特別是有嘔吐及視物障礙，合併有噴射性嘔吐；癌症發熱一般在38℃左右，早期經抗炎治療易退熱。反覆發熱，不明原因，伴有頭痛、乏力。

（5）乾咳或痰中帶血。高發年齡病人，在咳嗽經治療無效或持續時間較長時，應及早就診，有伴咯血者更應及早就診。咯血常出現於肺癌病程的早中期，血質鮮紅或與泡沫混為一體，出現這種現象的原因是腫瘤表面血管較多。

（6）警惕突然消瘦。正常人無論胖瘦，體重都在一定範圍內保持相對穩定。如果短期內出現不明原因的消瘦，體重明顯下

降，且伴有食欲不振、乏力倦怠及其他症狀，經休息亦不恢復，這往往是器質性疾病的「警告信號」。

（7）老年性黃疸。老年人如果出現黃疸應警惕是否發生下列三種惡性腫瘤：① 肝癌。黃疸是肝癌的晚期表現。② 胰臟癌。黃疸是胰臟癌，尤其是胰頭癌的早期表現之一。黃疸呈進行性加重，早期有左上腹疼痛或左肋部疼痛，伴有消化道症狀、消瘦，尤其出現無痛性黃疸，且可擴及囊性腫大的膽囊，應警惕本病的發生。③ 膽囊癌。黃疸出現較晚，常併發膽結石，如果是老年女性，早期出現右上腹疼痛，右後肩、胸部放射，伴有消化道症狀。

Q 149.肝癌的症狀、病因有哪些？

A答：（1）如胸腹飽脹，食後飽脹加劇加重，胃區不適或胃區隱痛。

（2）臍部隱痛，大便溏血或大便次數增多。

（3）右上腹不適，有時進食油膩後加重。

（4）黃疸時，小便發黃，甚至赤紅色，眼白見黃。黃疸是肝癌的晚期表現，這是由於肝癌組織壓迫膽總管或肝門淋巴腺腫大壓迫肝管，使膽汁排出受阻而使膽紅素入血所致。如有肝區疼痛、肝臟腫大、質硬或呈結節狀，同時伴有消化道症狀、全身消瘦等，應想到肝癌的可能。做超音波、α-胎兒蛋白檢測有助於發現本病。

（5）有腹水時，腹脹，尿少，尿短，大便次數增加。

（6）有消化道出血時，大便呈黑色柏油狀，甚或嘔血。

（7）有血糖降低時，陣發性多汗、昏迷，甚或呈低血糖虛

脫。

（8）有肝昏迷時，易出現狂躁、昏迷、抽搐等。原有肝硬化史者，如症狀突然加劇，亦應注意檢查。

（9）肝癌大多由肝炎轉變而來。預防肝癌最重要的一個方面就是預防和控制B型肝炎，一是健康人群接種B型肝炎疫苗，並且避免濫用藥物、不吃黴變食物等，基本就可以避免肝癌的發生。二是慢性肝炎或肝炎病毒攜帶者，每半年要做一次肝臟超音波、α-胎兒蛋白、肝功能檢查，透過這三項檢查，基本上可以發現0.8cm以上的早期肝癌。三是肝硬化患者大概有1/4會轉變為肝癌，因此，每兩個月左右就應該做以上三項檢查。此外，中年人一定要注意生活方式的調節，少飲酒、多運動、勤體檢，避免脂肪肝、肝硬化、肝癌。

Q 150.白血病的症狀、病因有哪些？

A 答：醫學不斷進步，使我們不僅能很好地控制白血病，還能使部分患者獲得治癒機會，而早發現、早診斷在其中充當著非常關鍵的角色。

（1）貧血。很多患者在白血病早期，會出現不同程度的貧血，具體表現為困倦、乏力，活動後心慌胸悶、頭暈頭痛等。一般情況下，最直接展現一個人是否貧血的部位是眼瞼和嘴唇，如果出現不同往常的蒼白，就應該尋求醫生的幫助。

（2）免疫力低下。有些患者早期可能會反覆出現上呼吸道感染、扁桃腺炎、牙齦炎等症狀，嚴重的甚至會出現感染，如有肺炎、敗血症等。一旦出現上述症狀，就應該及時就醫，把危險控制在最早期。

（3）低熱。腫瘤患者常常會有「腫瘤熱」，白血病病人也不例外。病人長期不規則、不明原因的低熱，體溫通常在38℃以下，不過有時也會持續高熱，體溫能高達39℃以上。

（4）出血。大約有40%的急性白血病病人早期會有出血症狀，出血可能發生在身體的各個部位，以皮膚黏膜上有出血點、瘀斑最為常見；另外，鼻衄出血、月經量過多等現象也較多；而嚴重臟器出血如腦出血、消化道出血雖很少見到，但一旦出現，常會危及生命。

（5）容易過敏易患白血病。由於過敏性環境對人體的免疫系統進行了長期的慢性刺激和破壞，誘發了癌細胞的活性，從而增加了過敏病人患白血病的可能性。人們應當注意自己的生活環境，尤其是那些容易過敏的人，一旦發現異樣就該及時就醫，避免因疏忽大意招來更嚴重的疾病。

（6）抽菸將會誘發血癌。抽菸會增加患血癌的危險，即使是已戒菸的人也有高危險。戒菸後患血癌的機會比不吸菸者高1倍，通常每日抽菸多於25支的人患血癌的機會多2倍。抽菸超過15年，患血癌的機會多1.5倍。

（7）用口呼吸，萬病之源。用口直接吸入空氣，無異於將疾病直接吸入體內，習慣用口呼吸後，由於免疫功能降低，細菌、病毒就會散佈至全身，引起各種疾病。除誘發感冒、花粉症、哮喘、過敏性皮炎等免疫疾病外，還容易誘發白血病、惡性淋巴腫瘤等危害疾病。

（8）使用殺蟲劑致血癌。有些殺蟲劑，因使用苯及其同系物作溶劑，長期接觸會損害造血系統，這類溶劑對人有誘發白血病和骨髓抑制的潛在危險，使用殺蟲劑時應節制。

Q 151.乳癌的症狀、病因有哪些？

A答：（1）腋下皮膚變厚、出現腫塊。假如乳房上方連接腋窩的肌膚出現變厚或隆結的現象，意味乳房腫瘤已擴展至淋巴腺附近。成年婦女一旦發現乳腺中有能觸及到的任何腫塊必須予以重視。

（2）乳頭改變。乳頭改變是乳癌臨床診斷的重要方面之一，乳頭改變主要有兩方面，一是乳頭回縮，二是乳頭溢液。原本乳頭凸出的女性若發現乳頭突然下陷，可能是乳暈底下長有腫瘤。濕疹樣癌可以使乳頭脫屑、糜爛，導管腺癌可以形成乳頭溢液。乳癌的溶液多見於單側乳房的單個乳管口，溢液可自行溢出，亦可擠壓而被動溢出，其性質多見於血性、漿液血性或水樣溢液。

（3）乳房起褶、輪廓改變、發紅。當腫瘤生長在乳房組織內，乳房受擠壓而形成凹凸起皺的表面。乳房皮膚局部下陷形成「酒渦」症狀、產生皮下小結節、皮膚破潰，可能是乳癌。乳房輪廓的改變，正常乳腺具有完整的弧形輪廓，若弧形出現任何缺損或異常，如皮膚某處隆起或凹陷，可能是早期乳癌的表現；乳房部位出現紅腫，並持續數週以上，亦可能是乳癌。

（4）乳癌引起的疼痛。常見乳癌的疼痛往往多見於以下幾種情況：① 乳癌合併乳腺增生，疼痛是由乳腺增生所致；② 乳腺腫瘤壓迫導管，引起痙攣，這種疼痛往往是過電似的，轉瞬即逝；③ 乳腺腫瘤侵犯胸壁、肋骨，壓迫重要神經引起疼痛，這種疼痛晚期腫瘤很少見，因此，女性出現乳房疼痛時不要驚慌，應盡快請專科醫生檢查確診。

（5）激素致乳癌。雌激素能夠改善女性器官和皮膚血液供

應量、延緩骨質疏鬆、冠心病、老年癡呆的發生，使皮膚恢復彈性和潤澤。很多人在服用雌激素之前，並沒有檢查自己的實際激素數值，錯誤地補充雌激素，可使子宮內膜癌、乳癌的發生危險增加。

（6）女性營養過剩乳癌上升。婚育、膳食和遺傳因素等是乳癌發病的主要危險因素，女性營養過剩、體重超重可能使月經初潮提前，使成年後乳癌發病危險性增加。

（7）糖尿病患者更易患乳癌。患有糖尿病的女性更易患乳癌。II型糖尿病由於存在胰島素抵抗，即機體無法利用自身所製造的胰島素，導致高胰島素血症，有促進腫瘤生長的潛在危險。糖尿病與乳癌有相似的生活方式和環境危險因素，壓力增大、肥胖、不良生活習慣、體力活動太少等，這些糖尿病的高發因素同時也是乳癌的發病因素，有糖尿病史、年齡在45歲以上的高危女性，應注意每年定期進行乳腺腫瘤普查，以期早發現、早治療。

（8）有乳癌家族史的女性不適合做X光胸透。X光可能會增加她們患乳癌的風險，攜帶乳癌致病遺傳變異基因的年輕女性應考慮選擇X光胸透之外的其他診療方法，如核磁共振成像等。

Q 152.食道癌信號、症狀、病因有哪些？

A答：食道癌的症狀是咽喉、胸、食管有不適、疼痛的感覺。食道癌在發病之初有如下現象時應該引起警惕。

（1）吞嚥食物時有哽噎感。進食時會出現吞嚥不適或吞嚥不順的感覺。

（2）食道內有異物感，病人感覺在食道內有異物，吞嚥不下。

（3）食物通過緩慢並有停留感。食物下嚥困難並有停留的自我感覺。

（4）咽喉部有乾燥感和緊迫感。下嚥食物不順，有輕微疼痛。

（5）胸骨後有悶脹不適感。能感到胸部不適的部位，難以描述不適的感覺。

（6）胸骨後疼痛。在胸骨後有輕微疼痛，且能感覺到疼痛的部位。

（7）劍突（心口）下疼痛。自感劍突下為燒灼樣刺痛，輕重不等。

（8）連續打嗝及體重減輕小心食道癌。

以上這些信號，可單獨出現，也可並列出現。

食道癌的發生與亞硝胺、慢性刺激、炎症、創傷、遺傳因素、吸菸、過度飲酒以及飲水、糧食和蔬菜中的微量元素含量有關。在大多數情況下，食道癌的發病可能是多種因素共同作用的結果。食道內很小的腫瘤通常不引起明顯症狀。到了晚期階段，最常見症狀為吞嚥困難，病人吞嚥食物時可有食物下行受阻的感覺，飲用湯水後症狀消失，此類症狀可反覆出現。隨著腫瘤不斷長大，食道越來越狹窄，以致連進食流質食物也困難。食道梗阻可以引起病人嚴重的營養不良，也常常是導致死亡的原因。食道癌也可以引起消化不良、心口灼熱、嘔吐、噎塞以及胸骨後針刺樣疼痛。腫瘤細胞常由食道黏膜侵入肌層，再進而侵犯縱膈。腫瘤的局部浸潤可以導致縱膈炎以及氣管食道瘻。食道癌的遠處轉移部位包括肝、肺或骨骼，遠處轉移灶所致的症狀（如肝部腫塊、疼痛）多出現在局部廣泛浸潤之後。

Q 153.胃癌的症狀、病因有哪些？

A答：胃部不適可能不只是胃病作怪，還要當心胃癌的侵襲。胃癌高死亡率與其早期症狀不明顯有關，有些患者就把食欲不振、噁心嘔吐等症狀當成胃炎而錯過有效治療機會。預防胃癌的發生，一定要留心觀察其早期症狀，如發覺出現下列徵象，即應警惕胃癌的發生。

（1）上腹部不適。病人常有上腹部不適、心窩部隱痛、食後飽脹感等，隨著腫瘤發展，上腹部疼痛逐漸加重甚至因癌灶浸潤胃周圍血管引起消化道出血。此時雖診斷容易但已是晚期，根治較難。此外，當出現噁心與嘔吐、嘔血與便血時，也易被誤診為胃部潰瘍、胃良性腫瘤及慢性胃炎等，因此，出現這些症狀者一定要做胃部X光、超音波、胃鏡檢查等，以明確診斷。

（2）淋巴腺腫大、腹部有腫塊。胃癌晚期，臨床表現甚多，如左鎖骨上可有淋巴腺腫大，質硬、固定；上腹部出現腫塊。肝行轉移時可腫大、消瘦、貧血、乏力。

（3）胃病癌變。胃癌在出現癌變之前，需要一個相當長的演變過程，即胃癌前期變化，胃癌前期變化分為癌前期狀態和癌前期病變。癌前期狀態是指發生胃癌危險性明顯增加的一些胃部疾病，主要有慢性消化性胃潰瘍、慢性萎縮性胃炎、胃息肉。

（4）殘胃易引發殘胃癌。殘胃癌是指因各種原因將胃大部切除，相隔若干年後在殘胃內發罹癌腫。殘胃癌缺乏特異症狀，易與潰瘍病復發相混淆，主要表現為上腹痛、上腹脹滿、食欲減退、貧血、體重減輕、吞嚥困難、復發性嘔吐和出血。由於殘胃癌發現時通常為晚期，手術切除比較困難，治療效果較差，故殘胃癌重在預防。曾經施行過胃大部切除術的患者，應在胃切除術

後12～15年開始，每年例行胃鏡檢查，及早發現殘胃癌。

（5）巨大胃黏膜肥厚症。此症是胃癌前期狀態，但極為罕見。

（6）由病菌引發。受一種桿菌屬螺旋型派羅利菌感染的人患胃癌的可能性三倍於沒有受感染的人。

（7）常吃夜宵易胃癌。首先，胃黏膜上皮細胞約2～3天就要再生一次，這一再生修復過程一般是在夜間胃腸道休息時進行的。如果經常在夜間進餐，胃腸道得不到必要的休息，其黏膜的修復也就不能順利地進行。其次，夜間睡眠時，吃的夜宵長時間停滯在胃中，可促進胃液的大量分泌，對胃黏膜造成刺激，久而久之，易導致胃黏膜糜爛、潰瘍，抵抗力減弱，如果食物中含有致癌物質，例如常吃一些油炸、燒烤、煎製、臘製食品，長時間滯留在胃中，更易對黏膜造成不良影響，進而導致胃癌。

Ｑ 154.營養缺乏會造成哪些病症？

Ａ答：（1）蛋白質缺乏。容易疲勞、貧血、體重減輕、生長發育遲緩、對傳染病抵抗力降低、病後恢復緩慢等。

（2）脂肪缺乏。容易患脂溶性維生素缺乏病皮炎。嬰兒缺乏脂肪會出現皮膚濕疹或炎症等。

（3）糖類缺乏、纖維不足。糖類缺乏容易疲勞、體重減輕、生長發育遲緩；纖維不足容易出現便祕、結腸癌、動脈粥狀硬化及冠心病等。

（4）喝水不足。喝水不足可出現疲勞、頭暈甚至神志不清的脫水情況，易增加患膀胱癌機會。

（5）維生素和礦物質缺乏。① 兒童、青少年：發育遲緩；

視力差、眼睛怕光、乾澀；記憶力差、注意力不集中；虛汗、盜汗；偏食、厭食；舌頭紫紅、嘴角爛；牙齦出血、流鼻血；個子長不高；面黃肌瘦；貧血、臉色蒼白；多動、煩躁不安；易感冒、抵抗力差；O型腿。② 女士：眼乾澀；臉色發黃、蒼白；口臭；易疲勞、精力差；牙齒不堅固；唇乾燥、脫皮；貧血、手腳發涼；脫髮過多、頭皮屑多；頭髮枯黃、分叉；黑眼圈；出現色斑、黃褐斑；皺紋出現早、多；皮膚乾燥、粗糙、毛孔粗大；皮膚無彈性、無光澤。③ 中老年人：脫髮過早、過多；睡眠品質差；視力差；頭暈、眼花；牙齒鬆動、脫落；記憶力過早衰退、反應遲鈍；腰痠背痛、腿抽筋；易疲勞、精力差；食欲不振、胃口差；血管失去彈性；過早出現老年斑；易感冒、抵抗力差；骨質疏鬆、易骨折。

（6）蛋白質、能量、必須脂肪酸、微量元素鋅缺乏。頭髮乾燥、變細、易斷、脫髮。

（7）維生素A缺乏。夜晚視力降低。

（8）維生素B群缺乏。舌炎、舌裂、舌水腫。

（9）維生素C缺乏。牙齦出血。

（10）鋅缺乏。味覺減退。

（11）維生素B_2和菸酸缺乏。嘴角乾裂。維生素B_2在不同食物中含量差異很大，動物肝臟、雞蛋黃、奶類等含量較為豐富。

Q 155.營養過剩會導致哪些疾病？

A答：由於現代人膳食結構的失衡，熱能攝入量增加，營養過剩或不平衡，再加上現代人體力活動減少，工作壓力又加重，以

及環境的污染，這些因素都造成心血管疾病、癌症、腎衰竭、糖尿病、高血壓等與營養相關的慢性病患病率的明顯增加。

（1）健康兒童少吃葡萄糖。健康兒童如常食葡萄糖，會使小腸吸收發生退化，時間久了，容易發生營養不良等症狀，所以健康兒童不宜吃葡萄糖。

（2）孕婦補鐵過高易生早產兒。妊娠期女性容易缺鐵，一般推薦孕婦每日補充60～120毫克的鐵，但這一推薦量對於無貧血的孕婦而言過高了，不僅易導致鐵劑過量，還會引發分娩併發症、早產和生產低體重兒等問題，因此無貧血的孕婦最好改為每週補鐵。

（3）孩子營養過剩可能導致近視。孩子吃很多高脂肪、高熱量的食物，而導致維生素、礦物質普遍缺少，由於維生素A、鈣是眼球發育必須的元素，一旦缺乏會使眼眶內壓力增大，進而導致眼球外凸，前後距拉長，形成近視。

（4）高脂肪飲食會造成心血管疾病及某些癌症。飽和脂肪及膽固醇含量高的飲食尤其是造成心血管疾病的罪魁禍首，因此平時應少吃肥肉及高油脂零食等脂肪含量高的食物。此外，蛋白質、碳水化合物、油脂過剩會肥胖，鹽類過剩會高血壓，維生素C過剩會得依賴型敗血症。

Q 156.胃腸病有哪些症狀？

A 答：（1）進食困難。進食時有胸骨後受阻、停頓、疼痛感，且時輕時重者，這往往提示患者可能有食道炎、食道憩室或食道早期癌。

（2）飯後感覺。飯後飽脹或終日飽脹、噯氣但不反酸、胃

口不好、體重逐漸減輕、面色輕度蒼白或發灰，中老年人要考慮到慢性胃炎，特別是慢性萎縮性胃炎、胃下垂。飯後上腹痛，或有噁心、嘔吐、積食感，症狀持續多年，常在秋季發作，疼痛可能有節律性，如受涼、生氣或吃了刺激性食物後誘發，可能是胃潰瘍。常常於飯後二小時胃痛或半夜痛醒，進食後可以緩解，常有反酸現象，可能有十二指腸潰瘍或炎症。飯後立即腹瀉，吃一頓瀉一次，稍有受涼或吃東西不當就發作，時而腹瀉時而便祕，腹瀉為水樣，便祕時黏液較多，有時腹脹有便意而上廁所又無大便，數年並未見消瘦，則患慢性過敏性腸炎可能性大。飯後腹部脹痛，常有噁心、嘔吐，偶會嘔血，過去有胃病史近來加重，或過去無胃病史近期才發，且伴有貧血、消瘦、不思飲食、在臍上或心口處摸到硬塊，則考慮為胃癌。

（3）腹瀉。吃東西不當或受了涼後發生腹痛、腹瀉，可伴有嘔吐、畏寒發熱，可能是急性腸胃炎、急性痢疾；黎明腹瀉，這可能是患有慢性腸炎或者腸結核。

（4）胃痛。① 胃潰瘍病。病人的痛與吃東西有關，通常一吃東西胃部馬上就有脹痛的感覺。② 十二指腸潰瘍。在饑餓的時候出現胃痛。很多十二指腸潰病病人會半夜痛醒，就是因為半夜裡胃部已將可消化的食物排空了。③ 慢性胃炎。胃痛多數沒有規律，發作不定時，既可能由精神緊張引起，也可能與消化不良有關。

（5）坐臥不安。體位變化頻繁，輾轉反側，坐也不是臥也不是，可能有膽石症、腸絞痛等隱患。

（6）牙菌斑引發胃病。牙菌斑是黏附在牙齒表面的一種生物膜，牙菌斑是幽門螺旋桿菌的貯存庫，與消化道直接相通，容易進入胃部，並引發慢性胃炎、胃潰瘍等。

（7）情緒不好能引發胃病。長期緊張不安、憂鬱焦慮、沮喪恐懼的情緒，可引起胃酸持續性分泌增高，久之可導致潰瘍病。由於情緒改變而引起肝氣鬱結，實質上反映了高級神經功能障礙，導致自主神經功能紊亂，從而影響胃和十二指腸的分泌與運動功能，最後發生以潰瘍病為主的胃病。經常情緒不佳，還會使胃病久治難癒。

（8）胃潰瘍癌變徵兆。胃潰瘍病人中8%左右易轉變為胃癌，故應特別注意胃潰瘍惡變的信號。① 疼痛性質的改變。疼痛是潰瘍病常見、最重要的信號及症狀，多在右上腹部呈局限性隱痛，燒灼樣痛或鈍痛，疼痛與飲食密切相關，呈週期性反覆發作。② 逐漸進行性消瘦。年齡在45歲以上的病人，短期內有食欲減退、厭肉食、噁心、嘔吐、吐隔宿食物或暗紅色食物、營養狀態不佳、明顯消瘦。③ 有比較固定的包塊。一部分病人可在心窩部摸到包塊，質硬，表面不光滑，迅速增大，按壓疼痛，疼痛可輻射到身體其他部位。

Q 157.骨質增生的症狀有哪些？

A 答：（1）清晨頭暈、頭昏或頭痛。因為頸椎骨質增生可能壓迫頸動脈，影響大腦血液的供應。

（2）清晨僵硬。清晨醒來感覺全身關節、肌肉僵硬，活動受限制，一般老年人早晨醒來有輕度晨僵現象是正常的，如果老年人清晨醒來後有明顯晨僵，而且全身的關節活動不靈活，就說明可能有類風濕、風濕和骨質增生等疾病。

（3）胸悶憋氣。一些有頭暈、胸悶、憋氣、後背疼等心臟病症狀的患者，如果對症治療後症狀改善不明顯，又找不出其他

方面的原因，不妨查查頸椎，有可能是頸椎骨質增生造成的頸源性心臟病。

（4）腰腿疼痛。腰部疼痛範圍固定，有時活動時腿也有疼痛，常常不能走遠路，腿部麻木，或下肢活動不靈活不受人的意志支配等。膝關節腫脹疼痛，下樓及下蹲時加重。足根部內側有固定部位的疼痛。

（5）頸部疼痛。活動後有向上臂和手部放射痛出現，或四肢麻木、活動不靈敏。

Q 158.關節炎的種類、症狀有哪些？

A 答：（1）風濕性關節炎。其特徵是在突然發生遊走性大關節疼痛之前，往往有上呼吸道溶血性鏈球菌感染史。常伴有發熱、胸悶、心悸等症狀，所以很容易發生「風心」。晨起關節不「聽話」多為風濕性關節炎。晨起局部或全身性關節活動不便，稱為晨僵。晨僵通常在活動（或熱敷、熱水浴）一段時間後逐漸緩解，但嚴重者可持續全日。晨僵可作為孤立症狀出現，也可伴隨關節疼痛腫脹、關節變形等，或伴有發熱、乏力等全身症狀。晨僵不一定局限在手指、腳趾等關節，也可發生在膝、肘、肩、頸、腰背等全身各個關節。老年人有輕度晨僵是正常現象，時間一般短於15分鐘，程度較輕，易於緩解。但如果晨僵時間長，或伴有關節腫痛等，則預示有潛在疾病。

（2）類風濕性關節炎。其特徵是常有進行性、對稱性小關節痛，並具有自行緩解又逐步加重的特點。在僵直的關節附近，其肌肉漸消瘦，驗血「類風濕因子」的陽性率可達80%左右。晨僵常是類風濕性關節炎的重要症狀和診斷依據之一，晨僵持續1

小時，超過6週者，有50%～60%可能為類風濕性關節炎。

（3）痛風性關節炎。其特徵是每次發作先從拇趾關節開始，疼痛程度常在72小時達到頂點，常因進食海鮮、動物內臟、啤酒等富含嘌呤食物引起發作。

（4）淋病性關節炎。一般在發高熱的急性淋病時，極易發生跟骨和拇趾關節劇烈疼痛，血清淋球病菌補體結合試驗陽性。

（5）化膿性關節炎。在肺炎、中耳炎、副鼻竇炎、猩紅熱、產褥熱、敗血症的病程中，會發生下肢的關節劇痛。在血液及關節液內可找到同一類致病菌。

（6）牛皮癬關節炎。好發於牛皮癬患者的指、趾關節，也可累及骨骼關節。關節部位有紅腫熱痛症狀，很明顯地隨著牛皮癬好轉或惡化而改變。

（7）結核性關節炎。患者以年輕人為多，如髖關節發生結核病變時，其疼痛最劇，常在夢中痛醒，涉及大腿下端或膝部時，患肢常取外轉、外展及屈曲位置較為合適。

（8）小孩腿疼可能是關節炎。小孩子患關節炎可能與遺傳有關，也可能由病毒感染引起，也可能源於遺傳性因素與飲食結構等因素的影響。青少年先天性關節炎如果不能及時治療，可能會留下終生殘疾。當出現如下症狀要注意檢查小孩是否得了關節炎：走路緩慢、笨拙、脾氣暴躁、難以入睡，或孩子在未受傷的情況下走起路來一瘸一拐，關節腫脹、變形，發熱，早晨醒來肢體僵硬，孩子突然不願意走路或玩耍，大孩子寫的字變得難以辨認。

（9）牙病不治致關節炎。齲齒、牙周病等病灶內聚集著毒性較強的溶血型鏈球菌、金黃色葡萄球菌等，當人體抵抗力降低時，這些細菌就會乘虛而入，隨著血液擴散，引起關節炎、腎

炎、神經痛、心內膜炎。

Q 159.類風濕性關節炎有哪些特點？

A答：類風濕性關節炎是一種慢性全身性疾病，與免疫反應有關，多發於青壯年的四肢關節。類風濕性關節炎的早期多表現為關節遊走性疼痛、腫痛及活動障礙，晚期可形成關節僵直及畸形。

（1）遊走性。早期關節炎疼痛（無腫脹）的遊走性比較明顯，遊走間隔期較短，多在1～3天，很少超過1週。一旦出現關節腫脹後，多半經過1～3月以後才轉移到另一對稱或非對稱關節。其後反覆發作的關節腫脹就像接力賽一樣此腫彼消。

（2）對稱性。關節炎的轉移經常是對稱性的，關節腫脹很少是非對稱性的，除早期遊走性疼痛之外，單關節炎少見。

（3）互相制約現象。第一個關節腫脹轉移到另一關節上之後，該關節腫痛較快（1～3天）減輕，數週至數月後可完全消退，而新發病關節腫痛漸趨嚴重。互相制約的特點通常是手重足輕或相反、上肢重下肢輕或相反、左重右輕、外周關節重則中軸輕、內臟病變重則關節輕。

（4）關節炎遊走規律。類風濕性關節炎遊走的一般規律和順序是：① 指（趾）關節——膝——踝——髖——肩——胸骨、胸鎖或顳頜關節。② 跗蹠——踝——膝——手——髖關節。③ 橈腕關節——踝膝——肘——指關節。④ 膝關節——踝——肘關節。⑤ 踝關節——膝——髖——腕、指關節。⑥ 髖關節——頸椎。⑦ 頸椎——膝——髖關節。⑧ 單關節——頸椎。

Q 160.類風濕性關節炎的手指識別方法是怎樣的？

A 答：目前，類風濕性關節炎是各種慢性關節病中最為嚴重的一種疾病。它頑固難治，甚至終生離不開用糖皮質激素來治療，易致畸形甚至使人殘廢、致人性命。但若能及早發現，則預後大為改觀，中西醫有機結合治療，可有效控制發展，甚至治癒疾病。為能盡早發現類風濕關節炎，在此介紹一些從手指識別類風濕性關節炎的方法。

（1）晨僵。類風濕性關節炎病人早期，往往表現早晨起來手指有僵硬感，經活動後漸緩解。隨著病痛的發展，晨僵越來越重，持續時間越來越長，多達1小時以上。

（2）怕冷。病人手指對寒冷特別敏感，一遇冷水很容易發白、發紫、麻木、蟻走感甚至疼痛，這是由於指端動脈遇冷易於痙攣，被稱為雷諾現象。

（3）肌萎。類風濕性關節炎病人早期常具有指骨肌肉萎縮，與腫大的近側指間關節形成「梭狀」、「豆菱茄狀」改變。

（4）色沉。在病變指間關節的背側，往往見有色素沉著而發暗褐（黑）色。與此同時，局部皮膚可呈角化而增厚。

（5）近側。類風濕性關節炎最好發的部位為近側（近軀幹側）指間關節，掌指關節可侵犯，但絕不侵犯遠側指間關節。

（6）手指往尺側偏斜。拇指側為指側，小指側為尺側。類風濕早期即可見手指往尺側偏斜，而正常人則多呈略向指側偏斜，尤其小指表現最為明顯。

（7）對稱。類風濕性關節炎指關節損害的突出特點為兩手呈對稱性，有時早期僅見中指近側關節腫大，但也應是左、右中指對稱性損害，而少有單側性，單側性常見於創傷性關節炎與結

核性關節炎等。

Q 161.各種過敏性疾病的症狀、因素有哪些？

A答：（1）居室過敏。油漆、塗料、水泥、石灰、塑膠、瀝青等建築材料含有不少對人體健康有害的毒性或致敏物質，這些物質可透過呼吸道和皮膚的吸收，進入體內，導致中毒或過敏反應。純毛或者化纖地毯，由於不易清潔或者清潔不及時會成為塵埃、蟎蟲滋生源，容易引起高敏體質者變態反應。

（2）電器過敏。電視機、錄影機、電子遊戲機等電器螢幕表面會產生靜電荷，靜電荷對空氣中灰塵及微生物有吸附作用，如果觀看節目時間過久或離螢幕太近，這些微生物和變態粒子就會附著在人的皮膚上，導致螢幕皮疹。

（3）服飾過敏。有些衣服是由合成尼龍、化學纖維、羊毛、絲綢、玻璃纖維和橡膠等原料製成的，可導致人體皮膚搔癢、疼痛、紅腫等，這類症狀稱為服裝性皮炎。

（4）飲食過敏。很多成品或半成品食物中加入的防腐劑、調味劑、香料、色素等物質，對人體均有一定的致敏性或輕微的毒性。有些人對魚蝦、牛奶等過敏。半數人存在慢性食物過敏，又稱食物不耐受，其過敏症狀不明顯，自我診斷比較困難，磨牙、口臭、頭痛、注意力不集中，都有可能與食物不耐受有關，有關的食物可能就是牛肉、玉米、牛奶、米等常見食物，所以，凡是亞健康人群和其他治療方法效果不好的過敏者，要進行食物不耐受檢測，以及早確診過敏源。

（5）化妝品過敏。化妝品成分很複雜，其中的色素、香料、表面活性劑、防腐劑、漂白劑、避光劑等可導致接觸部位過

敏。有人對染髮劑過敏，香水過多塗抹會導致過敏。

（6）花粉過敏。春暖花開，空氣中漂浮著大量的各種各樣的花粉微粒，並隨風廣泛傳播，因而極易被吸入呼吸道內，引起花粉過敏。主要表現為打噴嚏、流鼻涕、鼻塞、頭痛，並伴有上齶、外耳道、眼結膜等劇癢症狀。嚴重時還會出現胸悶、呼吸困難、支氣管哮喘等。若不及時治療，還可併發肺氣腫、肺心病等嚴重疾病。

（7）寵物過敏。家貓可致25%的人過敏，貓除了引發人們某些最常見的過敏反應之外，還可能導致呼吸困難。貓過敏原存在於毛皮中並在牠們行動時散布。

（8）藥物過敏。也叫藥物變態反應，是一類不正常的免疫反應，常表現為皮膚潮紅、發癢、心悸、皮疹、呼吸困難，嚴重者會出現休克或死亡。① 藥物熱，指藥物過敏所致的發熱，常是藥物過敏的最早表現。應用各種退熱措施效果不好，但如停用致敏藥物，即使不採取抗過敏措施，體溫也能自行下降。② 藥物疹，一般緊跟藥物熱發生，也可先於藥物熱發生；皮疹可有多種形態，如麻疹樣、猩紅熱樣、濕疹樣、蕁麻疹樣、紫癜樣、疱疹樣等。③ 血清病樣反應，血清病通常在首次應用血清製劑後10天發生，表現為發熱、淋巴腺腫大、關節腫痛、肝脾腫大等。④ 全身性損害，嚴重的藥物過敏反應可引起全身性損害，如過敏性休克等；血液系統損害表現為血細胞減少、溶血性貧血等；呼吸系損害表現為鼻炎、哮喘、肺泡炎等；消化系損害表現為噁心、嘔吐、腹痛、腹瀉等；肝損害表現為黃疸、膽汁淤積、肝壞死等；腎損害表現為血尿、蛋白尿、腎功能衰竭等；神經系統損害表現為偏頭痛、癲癇、腦炎等。

（9）情緒性過敏症。人是一個高度精密的統一體，當各種

原因引起急躁、激動、焦慮和憂鬱等情緒波動時，會引起內分泌和神經系統功能紊亂，從而影響皮膚表面密布的微血管收縮和舒張的平衡，皮毛營養不足，引起皮膚和毛髮的病理表現。這類情緒性過敏反應，藥物往往難以奏效，只有勸慰、開導等，或採取暗示和催眠療法才可收到良好的效果。

Q 162.腎臟疾病的症狀、病因有哪些？

A 答：（1）尿液中有蛋白質。是腎臟疾病的早期信號，微量白蛋白尿是腎臟損害的第一個臨床徵象，如果尿中出現的蛋白質越多，心血管疾病患病率和死亡率也就越高。

（2）水腫、血尿、腰痛、高血壓。是腎炎的常見症狀。

（3）貧血、缺鈣。慢性腎衰時，由於腎臟產生的促紅血球生成素減少、缺鐵等因素，會出現腎性貧血；腎臟具有內分泌功能，當腎功能減退時，可致血鈣降低，容易發生骨質疏鬆和骨折，稱之為腎性骨病。

（4）口臭、胃部不適。呼吸時口臭似尿味，可能是腎病。腎病患者常有噁心、嘔吐等消化系統症狀，因此在消化科就診別忘了查腎功能。

（5）夜尿增多。若夜尿量達750CC，或超過全天尿量的1/3時，應及時到腎臟病專科就診。

（6）亂治濫補可能引發腎臟疾病。亂用藥物、不正確的治療及不良生活方式等已成為引發或加重腎臟疾病的重要因素。有些男士將「性功能低下」簡單理解成腎虛，盲目服用補腎壯陽特效藥，其實，腎病與腎虛是兩個概念。「補腎」中草藥的濫用，不僅對防治腎臟疾病沒有益處，還會引起藥物性腎損害。亂吃動

物腎臟，不但於腎無補，反而容易引發高尿酸血症和腎結石。

（7）長期飲食過鹹引發腎病。長期高鹽飲食可導致腎臟疾病以及心腦血管疾病、糖尿病、高血壓等。

（8）當心止痛藥致腎病。長期或大量濫用阿司匹靈等止痛藥會致止痛藥性腎病，並可發展成慢性腎功能衰竭，其表現為無菌性膿尿、貧血、酸中毒、嚴重失鈉、血糖升高和慢性腎功能不全。該病的早期診斷對預後極為重要，倘若在發生嚴重腎功能衰竭前確診，患者在停服止痛藥以後，腎功能可望恢復，有些患者則病情不再發展、惡化。但是，腎臟已經嚴重受損者，則難以避免產生致命性腎功能衰竭。

Q 163.腎功能衰竭的病因、症狀有哪些？

A答：（1）身體不適。由於毒素和廢物在體內不斷堆積，病人可能會感到渾身不適。症狀包括噁心、嘔吐、夜間睡眠不好、沒有胃口、搔癢和疲勞。

（2）浮腫。一些病人會出現浮腫現象、尿量減少、尿頻、手足踝浮腫，其他症狀還有氣短、眼睛周圍腫脹。

（3）貧血。由於腎臟功能遭受損害，人體不能產生製造紅血球所需的足夠激素，因而產生貧血。貧血的人經常會感到寒冷和疲憊。

（4）腎衰竭其他症狀。血尿（呈茶色或血紅色）、高血壓、尿液中出現泡沫、腹瀉、極度口渴、睡眠不安或嗜睡、性欲下降。此外，啤酒肚也能導致肝腎衰竭等。

（5）頭暈眼花檢查腎功能。近年來，慢性腎功能衰竭有上升趨勢。因為各種原發或繼發腎臟疾患導致腎實質進行性毀損，

最終發展成慢性腎功能衰竭病。各型慢性腎小球腎炎、慢性腎盂腎炎、腎囊腫、多囊腎、高血壓、糖尿病等是導致該病的主要原發病，如果最近面色焦黃，出現乏力、噁心、心慌、胸悶等症狀，且表情淡漠、嗜睡、血壓升高及視物模糊就應及時到醫院查查腎功能，及早確診，盡快治療。

（6）感冒藥等藥物引起腎衰竭。感冒藥中能引起腎損害的「元凶」主要是解熱鎮痛成分，像抗感冒藥類的阿司匹靈、止痛片及百服寧、康泰克和泰諾等複方感冒藥等，都可能導致嚴重腎病。含有損害腎臟毒性成分的藥物絕不僅限於感冒藥，其實抗生素和部分中草藥都對腎臟具有毒性，例如抗生素類中的慶大黴素、卡那黴素等，以及中成藥中的木通、香砂等和避孕藥也都是對腎毒性較大的藥物。在合理用藥的情況下，這些有毒成分對於一個腎臟功能完好、身體正常的年輕人來說，是不會產生明顯副作用的。在不得不用藥，尤其是慢性病患者需要長期服藥的情況下，就一定要多喝水，以促進腎臟更快地將毒性成分排泄掉。而在服用抗感冒藥時，要注意只選擇一種抗感冒藥，不應同時服用作用相同的另一種藥，以免劑量過大產生嚴重的不良反應。服用解熱鎮痛藥或含有解熱鎮痛成分的藥物時禁酒；肝、腎功能不良患者慎用抗感冒藥；服用抗感冒藥期間，通常不可服用滋補藥。

Q 164.糖尿病的症狀有哪些？

A答：（1）高齡、肥胖。高年齡者應定期做尿糖檢查；身體肥胖和患有高血壓、動脈硬化、高血脂症、冠心病的人易患此病；女性身體肥胖可作為診斷糖尿病一項指標。

（2）眼病、神經炎。患有白內障、青光眼等眼疾病人需警惕罹患糖尿病；周圍神經炎。表現為手足麻木，伴有熱感、蟲爬感等現象。

（3）陽痿、排尿困難。男性糖尿病患者併發陽痿高達50%；排尿困難，這是糖尿病導致的神經病變影響膀胱功能，造成排尿障礙。男性糖尿病患者出現排尿困難者約為21.7%，易併發尿道感染。

（4）皮膚異常。① 面部皮膚發紅；② 癤、癰、毛囊炎；③ 皮膚搔癢；④ 足部皮膚缺血性壞疽；⑤ 皮膚水疱；⑥ 皮膚出汗異常。

（5）持續性腹瀉。頑固性腹瀉是部分糖尿病的一個突出症狀，其腹瀉呈間斷性，大便為棕色水樣，量不多，無黏液和血，多發生在凌晨和晚上，每日數次，多者達20次以上，部分病人可表現腹瀉與便祕交替發生。大便次數雖多，但少有腹痛。糖尿病性腹瀉常因憂慮、情緒激動而復發，並與血糖控制好壞有關。血糖控制不好時腹瀉加重，血糖穩定時減輕。

（6）眼皮下垂。由糖尿病引起的眼瞼下垂，特點是起病急，僅為一側性。在發病一側的前額或眼區常常伴有疼痛。除上眼瞼下垂外，多伴有眼球向內或向上、向下運動受限而出現複視。

（7）便祕。血糖升高的信號。

（8）清晨餓得發慌或餐前饑餓。有些老年人在凌晨四五點醒來後感到饑餓難忍、心慌不適，還伴有疲乏無力的症狀。吃一些食物後，症狀有所緩解，但仍口乾舌燥，有想喝水的念頭。這些症狀在吃早餐後，會逐漸消失，這預示可能患有糖尿病。此外，有的糖尿病病人餐前饑餓難忍，有時下班騎車回家，還沒到

家就餓得心慌出汗，必須在街上買點兒吃的，否則就滿身冷汗、心慌難忍。

（9）老人嗜睡。由於糖代謝紊亂，血糖不能被機體（如腦組織）充分利用，導致血糖升高，大量糖分隨尿排出，能夠引起體力減退，出現精神萎靡。特別是II型糖尿病患者，在早期常常以餐前低血糖作為「首發表現」，這與糖尿病患者胰島素分泌延遲、餐後血糖升高不同步有一定的關係，而這種低血糖反映在老年人身上就容易表現為嗜睡。同時，老年糖尿病人往往合併高黏血症及腦血管病變（如腦動脈硬化）等，致使腦動脈供血不足，引起嗜睡。

（10）手足麻痛查查血糖。老人手腳發麻，有時還會無緣由地疼痛，這可能是患了糖尿病。糖尿病會引起多發性周圍神經炎，從而出現手足麻痛。

（11）突然消瘦。糖尿病起病緩慢，病程較長，初期無明顯症狀。由於胰島素分泌不足，引起糖代謝紊亂，血糖、尿糖升高，繼之殃及蛋白質和脂肪代謝，導致體內營養吸收不良，造成形體消瘦。

（12）女性糖尿病的特有「信號」。① 陰部搔癢；② 糖尿病孕婦容易生巨大胎兒；③ 腰臀比例增大；④ 糖尿病患者容易發生性功能障礙。

Q 165.低血糖有哪些症狀、病因？

A答：（1）饑餓感等。饑餓感、焦慮恐懼、臉色蒼白、心悸脈速、出冷汗、四肢震顫、暈厥等交感神經興奮症狀，及思想不集中、幻覺、狂躁、癲癇樣發作等腦功能障礙症狀，多於餐後三

小時左右發作。

（2）空腹血糖異常。空腹血糖偏低或正常，發作時血糖低於2.8毫摩爾/升；空腹血漿胰島素測定偏高。

（3）做噩夢。快波睡眠時，人的神經興奮性增高，腦蛋白質合成加快；當血糖過低時，大腦能量供應不足，蛋白質合成受阻，致使快波睡眠時間延長，導致神經興奮更為增高，噩夢就可能隨時發生。睡前喝一杯糖水補充血糖，可有效地減少噩夢發生。

（4）零食變早餐致學生低血糖。由於課業繁重、升學壓力較大等原因，很多高中生隨意進食早餐，甚至以零食替代，使得在第二、三節課和第四節課時產生饑餓感。

（5）糖尿病患者低血糖更可怕。高血糖對人體的危害一般要經過幾年，甚至十多年的時間，而低血糖對人體的「摧殘」則可能在短暫的幾個小時內發生，有時甚至是致命性的打擊。尤其是老年糖尿病或合併有冠心病者，低血糖可誘發腦中風、心肌梗塞。

Q 166.痛風的症狀有哪些？

A 答：痛風是由於嘌呤代謝障礙或尿酸排泄減少，其代謝產物尿酸在血液中積聚，沉積於組織器官中引起的尿酸結石、痛風、關節炎等疾病，是因血漿尿酸濃度超過飽和限度而引起組織損傷的一種疾病。

（1）無症狀期。病人僅有血尿酸持續增高或波動性增高，而無臨床表現。從血尿酸增高至出現症狀的時間可長達數年或十多年，有些甚至終生不出現症狀。

（2）急性關節炎期。第一次發作多數在夜間，發作之前1～12小時，有些預感，但預感期一過立刻發生激烈疼痛，而且疼痛程度一分一秒地增加，且在24小時內達最高峰。開始時常為單個關節呈紅、腫、熱、痛與運動障礙，偶有雙側或先後發作，以第一拇趾關節為多見，其次為踝、手、腕、膝、肘及足部其他關節，病情反覆，可發展為多關節炎，患者還可出現高熱、頭痛、心悸、疲乏、厭食、白血球增高、血沉加快等症狀。急性發作一般持續3～10天，開始時每隔幾個月或1～2年發作一次，隨著年齡成長，每年發作幾次，亦有不再發作。在痛風反覆發作後，會導致關節變形而難以活動。

（3）慢性關節炎期。表現為多關節受累，發作較頻，緩解縮短，疼痛加劇，可出現痛風、關節畸形或活動受限。

（4）腎結石。大約10%～20%原發性痛風的病人合併腎結石，可有腎絞痛、血尿。

（5）腎痛變。出現腎間質性炎症和腎血管損害導致腎功能不全。可有高血壓間歇蛋白尿、尿比重降低、血尿素氮及肌酸升高等。根據血尿酸增高的不同原因可分為原發性痛風及繼發性痛風兩類。原發性痛風係由於先天性嘌呤代謝紊亂所致。繼發性痛風常繼發於腎臟、血液、心血管等疾病所引起的血尿酸生成過多或排泄減少，導致高尿酸血症所致。

Q 167.肝硬化的症狀有哪些？

A答：（1）食欲不振、腹部不適，上腹部脹滿，明顯乏力，尤以活動後更明顯，體重減輕，每日下午或傍晚加重，腹圍增大。

（2）腹脹氣，合併腹水時腹脹難忍，叩診可有腹部移動性濁音。輸液過後發生腹水和浮腫，並且食欲不振。慣性腹瀉，特別是在食用了脂肪性食物之後腹瀉加重。

（3）面色晦暗，面部局部發紅，皮膚黑色素沉著，有肝掌和皮膚蜘蛛痣，有肝、脾腫大，以脾大為主。

（4）部分患者間斷出現黃疸或持續性黃疸伴間歇性發熱、慢性膽囊炎、膽結石。表現為右上腹不適、反覆黃疸、消化不良、低熱等。

（5）出血。鼻出血、齒齦出血、上消化道出血、嘔血、皮下出血、穿刺處瘀斑，少數患者表現為食道靜脈曲張、破裂出血，胃黏膜點片狀出血或痔出血、便黑等。

（6）男性乳房腫大，如少女的乳房樣，且有按壓痛，是肝臟滅活雌激素能力下降所致。男性陽痿、女性月經不調等。

（7）口腔出現異常。如果有黏土味的口臭，則有可能是患有肝硬化或肝炎等疾病；如口唇、口腔內頰部黏膜失去了往日的鮮豔，表現灰暗，很可能是肝硬化病變；口腔原無齲齒或齲齒輕，突然出現並迅速發展，也是肝病不良的兆頭；出現牙周病、牙槽溢膿，雖經反覆治療不見好轉，並逐漸加重者，也意味著肝病在進展。由於肝硬化引起維生素B群明顯不足，也可引發舌炎、舌萎縮、齒齦出血、口臭、腮腺腫大等口腔異常病變。不論屬於哪一種類型肝病，一旦口腔出現上述變化時，可能是肝病在進展，或即將出現肝硬化，必須及時去醫院檢查治療。

Q 168.甲狀腺機能亢進的症狀有哪些？

A 答：甲狀腺功能亢進症，簡稱甲亢，係甲狀腺激素分泌過

多所致的常見分泌疾病。如發現以下幾種徵象，則很可能患有甲亢。

（1）食欲亢進而體重減輕，怕熱，出汗，低熱。

（2）情緒不穩，煩躁不安，心悸，氣急，心動過速，陣發性心房纖維顫動，收縮期血壓增高，聲音亢進，手抖。

（3）大便次數增多，月經紊亂，不育。由於甲亢病人體內甲狀腺素分泌增多，蛋白合成、氧耗及產熱均明顯增加，可直接導致胃腸道蠕動增快，使食糜及食物殘渣在腸道內停留時間縮短，大便次數明顯增多，呈消化不良狀。因此，當病人有久治不癒的排便次數增多，尤其伴有心率增快者，不論患者有無甲狀腺腫大及突眼，均不妨查查甲狀腺功能，以免誤診誤治。

（4）甲狀腺腫大並可在局部聽到血管雜音。

（5）突眼，目光凝視。有些病人伴有眼球充血、怕光、流淚、水腫或眼肌麻痺。

（6）甲狀腺病後期呼吸困難比較多見。尤其是結節型甲狀腺腫患者，如壓迫氣管，有行動性氣促的症狀，腫物過大時可使氣管移位、彎曲或狹窄，從而引起嚴重的呼吸困難甚至吞嚥困難。

第 四 章

健康狀況自查
自測的方法

Q 169.健康人的定義是什麼？

A答：世界衛生組織關於健康的最新定義指出：只有在軀體健康、心理健康、社會適應能力良好和道德健康四方面都健全的人，才是完全健康的人。

（1）軀體健康。即生理健康，是指人的身體能夠抵抗一般性感冒和傳染病、體重適中、體形勻稱、眼睛明亮、睡眠良好等。

（2）心理健康、社會適應能力良好。是指人們精神、情緒和意識處於良好狀態，它包括智力發育正常、情緒穩定樂觀、意志堅強，能從容不迫地應付日常生活和工作的壓力，人際關係和諧，心理年齡與生理年齡相一致等。心理健康要求「三良」，即良好的個性、良好的處世能力、良好的人際關係。

（3）道德健康。指能夠按照社會道德性為準則約束自己，並支配自己的思想和行為，有辨別真與偽、善與惡、美與醜、榮與辱的是非觀念和能力。

為此，我們要在增強對健康新定義認識的前提下，積極從事體能鍛鍊，強化心理素質的訓練，培養高尚的道德情操，做一個生理健康、心理健康和道德健康的人。

Q 170.身體健康的標準是什麼？

A答：世界衛生組織認為現代人身體健康的標準是「吃得快、便得快、睡得快、說得快、走得快」。

（1）吃得快。食得快並不是狼吞虎嚥、不辨滋味，而是胃口好，什麼都喜歡吃，吃得迅速，吃得香甜，吃得平衡，吃得適

量。不挑食，不貪食，不零食，不快食。但不是吃得越快越好，中老年人吃飯，要做到細嚼慢嚥，充分分泌唾液，可以減輕胃的負擔，提高營養吸收率，甚至減少癌症的發生。

（2）便得快。能很快排泄大、小便，且感覺輕鬆自如，胃腸消化功能好。良好的排便習慣是定時、定量，最好每天1次，最多2次。起床後或睡眠前按時排便，每次不超過5分鐘，每次排便量250～500克，說明肛門、腸道沒有疾病。假如便祕，大便在結腸停留時間過長，形成宿便，有毒物質就會被過多吸收，引起腸胃自身中毒，產生各種疾病，甚至得腸癌。

（3）睡得快。是指晚間定時有自然睡意，上床後很快熟睡，並睡得深，不容易被驚醒，又能按時清醒，醒後精神飽滿、頭腦清楚、沒有疲勞感。睡得快的關鍵是提高睡眠品質，而不是延長睡眠時間。睡眠品質好表明中樞神經系統興奮、抑制功能協調，內臟無任何病理資訊干擾。睡眠少或睡眠品質不高，疲勞得不到緩解或消除，會形成疲勞過度，甚至得疲勞綜合症，降低免疫功能，產生各種疾病。

（4）說得快。說得快是說話流利、思緒敏捷、語言運用準確，代表思維清楚而敏捷，心肺功能正常。對任何複雜、重大問題，在有限時間內能講得清清楚楚、明明白白，語言表達全面、準確、深刻、清晰、流暢。對別人講的話能很快領會、理解，把握精神實質，代表思維清楚、反應良好、大腦功能正常。

（5）走得快。諸多病變導致身體衰弱是先從下肢開始的。走得快是行動自如，輕鬆有力，且轉動敏捷，說明身體狀況良好，反映心臟功能好。俗話說：「看人老不老，先看手和腳」，「將病腰先病，人老腿先老」。不要忘記腿是精氣之根，是健康的基石，是人的第二心臟，要加強腿腳鍛鍊。

Q 171.心理健康標準是什麼？

A答：（1）心理活動強度、耐受力。心理活動強度是指對精神刺激的抵抗能力。在遭遇精神打擊時，抵抗力低的人往往反應強烈，容易留下後患，而抵抗力強的人，雖也有反應，但不強烈，不會致病。心理活動耐受力是指長期經受精神刺激的能力，也是衡量心理健康水準的指標，同樣處在慢性的、長期的精神刺激之中，耐受力差的人會在慢性精神折磨下出現心理異常、個性改變、精神不振或是產生軀體疾病，而耐受力強的人雖然也體驗到某種程度的痛苦，但最終不會在精神上出現嚴重問題，有的人會把不斷克服這種精神苦惱作為檢驗自身生存價值的指標，甚至能在別人無法忍受的逆境中做出光輝的成績。

（2）週期節律性。人的所有心理過程都有節律性，常常用心理活動的效率來探查這種客觀節律的變化。有的人白天工作效率不太高，但一到晚上就很有效率，有的人則相反。如果一個人的心理活動的固有節律經常處在紊亂狀態，不管是什麼原因造成的，都可以認為他的心理健康水準下降了。

（3）意識水準。意識水準的高低，往往以注意力品質的好壞為客觀指標。如果一個人思想經常不集中，不能專注於某項工作，不能專注於思考問題，就要警惕心理健康問題了。思想不能集中的程度越高，心理健康水準就越低，由此而造成的其他後果，如記憶力下降等等也就越嚴重。

（4）暗示性。易受暗示的人，情緒和思維很容易隨環境變化，給精神活動帶來不太穩定的特點，這一類型的人往往容易被無關因素引起情緒波動和思維動搖，實際生活中表現為意志力薄弱。當然，受暗示的特點在每個人身上都多少存在著，僅是強弱

和程度存在差異而已，現實中女性比男性更容易受暗示。

（5）康復能力。從創傷刺激中恢復到往常水準的能力，稱為康復能力。康復水準高的人恢復得較快，而且不留什麼嚴重痕跡，每當再次回憶起這次創傷時，他們表現得較為平靜，原有的情緒色彩也很平淡。

（6）心理自控力。情緒穩定樂觀是心理健康的主要標誌。與這一條相對立的是喜怒無常。對情緒、思考和行為的自控程度與人的心理健康水準密切相關，心理自控力強的人，情感表達往往恰如其分，辭令通暢，儀態大方；心理自控力弱的人，心理活動不會十分自如，往往過分拘謹或是過分隨便。

（7）自信心。是衡量精神健康的一個指標。一個人要有恰如其分的自信、知道自己的優點和缺點，對優點能積極地去發揚、對不足能自覺地去改進，不因為有優點而驕傲自大也不因為有不足而自卑，總是知不足而進取不懈、為自己取得的成績而愉快樂觀。

（8）社會交往。心理健康的人能信任和尊重別人、設身處地地理解別人，能以恰當的方式讓別人理解自己。一個心理健康的人不是與別人沒有任何矛盾，而是在發生矛盾時能積極地、有效地去解決矛盾，重新讓別人理解自己。

（9）環境適應能力。一個人從生到死，始終不能脫離自己的生存環境。環境條件是不斷變化的，有時變動很大，這就需要採取主動或被動的措施來保持自身與環境的平衡，這一過程叫作適應。當環境條件突然變化時，一個人能否很快地採取各種辦法去適應，並保持心理平衡，往往標誌著一個人的心理健康水準。適應能力強的人能積極地去改變環境，適應能力弱的人只會消極地躲避環境的衝擊。

（10）熱愛學習、生活和工作。一個心理健康的人在任何情況下都熱愛生活，感到生活非常有意思；接受新知，把學習看作是生活中比不可少的一部分；愛工作，不僅按時上下班，而且創造性地去工作、努力完成工作任務，把分擔的工作看作是一種樂事。在學習和工作中，能充分發揮自己的能力，過著有效率的生活。

Q 172.自我管理健康體質的方法有哪些？

A答：透過以下幾方面的自我測試，可從各個側面對自身健康狀況有大致的了解。

（1）仰臥起坐測試。1分鐘為限：20歲為45～50次；30歲為40～45次；40歲為35～40次；50歲為25～30次；60歲為15～20次最佳。

（2）呼吸測試。在安靜狀態下，正常呼吸，紀錄每分鐘的呼吸頻率（一呼一吸為1次），下述頻率為各年齡段的最佳值，超過或低於該數值者屬於欠佳：20歲為18～20次；30歲為15～18，次；40歲為10～15次；50歲為8～10次；60歲為5～10次。

（3）心臟動能測試。在1分鐘時間裡，向前彎腰20次，前傾時呼氣，直立時吸氣。彎腰做運動前先測定並紀錄自己的脈搏，此為資料Ⅰ；做完運動後即再測一次脈搏，為資料Ⅱ；運動結束1分鐘後再測，得資料Ⅲ。將3項資料「（Ⅰ＋Ⅱ＋Ⅲ－200）÷10」計算，如得數為0～3表明心臟功能極佳；3～6為良好；6～9為一般；9～12為較差；12以上應立即就醫。

（4）體力、腿力測試。如一步邁兩級台階，能快速登上5層樓，說明健康狀況良好；一級一級登上5層樓，沒有明顯的氣

喘現象，健康狀況不錯；如果氣喘吁吁、呼吸急促，為較差型；登上3樓就又累又喘，意味著身體虛弱，應到醫院進一步查明原因，切莫大意。

（5）屏氣測試。深吸一口氣，然後屏氣，時間越長越好。再慢慢呼出，呼出時間3秒鐘最理想；最大限度屏氣，一個20歲健康狀況甚佳的人，可持續90～120秒；年滿50歲的人，約30秒左右。

（6）走路測自身健康。如果你能在10分鐘內走完1公里，說明健康狀況良好；如果20分鐘內能走完2公里，說明健康狀況優秀；如果能在30分鐘內走完3公里，那麼身體狀況很棒。

（7）脈搏多少算正常。在安靜的狀態下，成人脈搏平均約為72次/分。一般來說，每分鐘60～90次都屬於正常範圍。經常參加鍛鍊的人在安靜時可以減少到60次/分以下。人體進行運動時，脈搏在110次/分以下對身體沒有明顯的鍛鍊效果，脈搏在160次/分以上容易損害身體健康，而脈搏在110～160次/分之間時鍛鍊的強度最適宜，鍛鍊身體效果也最好。

（8）體質自測。① 閉眼單腳站立：1分鐘以上得10分；40秒以上得8分；30秒以上得5分；15秒以上得3分；5秒以上得1分。② 爬樓（選爬18層以上的樓，以1秒一階的速度向上攀）：沒有任何累的感覺得10分；略微腿痠、呼吸變化不大得8分；明顯心跳加快呼吸有變化得5分；途中有明顯走不動的感覺得3分；途中有明顯的間斷休息得1分。③ 每週運動的次數：有兩次1小時的活動得10分；有一次1小時的活動得8分；累計1小時的活動得5分；有不到1小時的活動得3分；只有簡單動一動的得1分。④ 近期的精力（自我感覺）：不錯得10分；還可以得8分；一般得5分；不太好得3分；不行了得1分。⑤ 最慢的速度跑：持續半小時得10

分；20～25分鐘得8分；15～20分鐘得5分；10～15分鐘得3分；10分鐘以下得1分。結論：如果得45分以上，體質很不錯；40～44分，體質較好；35～40分，體質一般；20～34分，體質屬於較差；不足20分，體質問題大。

Q 173.從哪些方面自我觀察體徵變化？

A答：（1）體溫。人體的溫度通常為36～37℃。正常人口腔溫度一般為36～37.2℃，腋窩溫度較口溫低0.5℃，直腸溫度較口溫高0.5℃。人的體溫受晝夜、年齡、性別、環境及運動諸因素影響而稍有上下波動。體溫高於正常為發熱，當然亦有生理性低熱，一般不超過38℃，多見於精神緊張或劇烈運動之後，婦女在月經期或妊娠過程中有時亦可有此種低熱。

（2）心跳。正常心跳數為每分鐘72次左右，但較少人如此準確。心跳的快慢與情緒、活動、體質的等方面因素有關，一般每分鐘60～100次皆可視為正常。有些運動員或從事體力工作者心跳每分鐘只有50餘次，亦為正常。老年人心率一般較慢，但只要不低於每分鐘55次就屬正常範圍。在靜息情況下，心跳在每分鐘100次以上或心跳在每分鐘50次以下皆應就醫檢查。

（3）血壓。成年人血壓不超過140/80毫米汞柱。老年人隨年齡的成長，血壓也相應上升，但收縮壓超過160毫米汞柱時，不論有無症狀均應服藥。單純舒張壓過高，其原因很多，不宜私自服藥，應到醫院就診。

（4）呼吸。健康人呼吸平穩、規律，每分鐘16～20次，兒童可更快些。精神緊張、運動、發熱等皆可使呼吸的頻率加快。呼吸困難者多感到氧氣不足、呼吸費力，嚴重者不能平臥，甚至

口唇發紺，此種情況多為病態，往往需要緊急救治。少數有明顯精神刺激因素者，突然表現為呼吸淺速，稍久可伴手足發麻，甚至抽搐症狀，對這種病人應予以勸慰或給予暗示治療。

（5）睡眠、精神。成年人每日睡眠6～8小時，老年人應加午睡。入睡困難、夜醒不眠、白天嗜睡打盹均為睡眠障礙的表現；健康人精神飽滿、行為敏捷、情感合理、無暈無痛，否則應檢查是否有心腦血管和神經骨關節系統疾病。

（6）多夢。有些病可導致多夢，如神經衰弱症。但絕大多數的夢是屬於正常生理現象，有利於身體健康。一般成人在8個小時睡眠中，大約2～4個小時處於半睡眠狀態。多夢並非是病，然而如果夢境不斷，影響了睡眠的品質，則必要時應適當治療。

（7）體重。體重標準參考公式：男性體重（公斤）=身高（公分）－105；女性體重（公斤）=身高（公分）－102。體重在標準上下10%內為正常，低於標準10%以上者為消瘦，超過標準10%以上者為超重，超過20%者為肥胖。上列標準只適用於成人，不適用於兒童。另一個體重指標是體重指數：體重指數（公斤/平方公尺）=體重（公斤）/身高（公尺）的平方。體重指數18～25為正常體重，25～30為超重，30～35為輕度肥胖，35～40為中度肥胖，大於40為重度肥胖，此指標不適用於兒童。定期紀錄自己體重的變化，是觀察健康情況的重要指標。不明原因的體重下降，應小心癌瘤及糖尿病，體重增加太明顯，要注意血壓及血脂的變化。

（8）面色。面色的深淺與遺傳、生活環境等有關，剔除這些因素後，如果面色變得灰暗、蒼白、青紫、焦黃等皆是不健康的徵兆。面頰部紅暈對皮膚潔白的婦女是健康的象徵，但如發生在蒼白的面頰上而且多在下午或傍晚出現，則是潮紅，常為結核

等消耗性疾病的象徵；面色變黃多為肝膽疾病。

（9）食欲。正常情況下，一日三餐前略有饑餓感，見到食物便有食欲，若遇佳餚，更是食欲大開。餐後略有飽腹感是為正常，若有一兩餐未進食而仍無饑餓感，或雖有饑餓感，但見到食物，甚或佳餚，仍無食欲，或稍進食後食欲即無，即為食欲不振。食欲不振者首先應在情緒、環境等方面找尋原因，若無理由可以解釋，則這是一種不健康的表現。反之，食欲亢進，表現為易饑、食量大增，亦是一種不健康的表現。成年人每日食量不超過500克，老年人不超過350克，如出現多食多飲應考慮糖尿病、甲狀腺機能亢進等。每日食量不足250克，食欲喪失達半個月以上，應檢查是否有潛在的炎症、癌症。

（10）精力。精力通常指一個人對工作與生活的活動能力。人的能力包括智力與體力兩個方面。「精力不濟」主要是指體力下降、易疲勞、工作效率降低，是健康狀況不佳的表現，健康包括生理和心理的兩個方面，在心理健康不佳時亦常可表現為體能的減退或智力的減退。反之，若無特殊的原因，突然變得精力過人、終日不知疲倦，也應該從生理和心理兩方面找原因，加以糾正。

（11）疼痛。許多疼痛，尤其是一時性的疼痛，對於健康並不十分重要，如一時肌肉痠痛、神經痛之類，但如持續不癒，逐步加重，或伴隨其他相應症狀的，則都是病態，應該進一步檢查，以明確診斷，對症治療。

（12）出血。若非外傷引起的出血，除月經外，皆應視為疾病的信號。如鼻出血、牙齦出血，至少與鼻炎、牙周病有關；若是經常出血，則或許還可能有血小板減少或其他凝血功能障礙的可能，亦應仔細檢查。至於嘔血、便血（黑糞）、尿血、咯血等

應引起高度重視，認真檢查診斷，查明原因，積極治療。出血還可能間歇發作，不要以為出血自然停止了，就沒有問題了，它可能預示有嚴重的疾病。

（13）視力、聽力及肢體活動能力。白內障病人在發病前，視力會有下降。單側上、下肢活動無力可能是腦血管疾病的先兆。

（14）留心大小便、痰液、鼻涕的顏色及性狀的變化。健康人每日或隔日排便一次，為黃色成形軟便，如柏油樣大便多為上消化道出血；大便顏色、性狀、次數異常可反映結腸病變。成年人每日排尿1～2升左右，每隔2～4小時排尿一次，夜間排尿間隔不定。正常尿為淡黃色，透明狀，少許泡沫。如尿色、尿量異常、排尿過頻、排尿困難或疼痛均為不正常表現，應就醫。

Q 174.如何自測酸性體質？

A 答：初生嬰兒體質一般屬弱鹼性，隨著年齡成長和受環境污染等影響，體質會逐漸轉為酸性。體質酸化也就意味著越來越老化。中老年朋友隨時了解並調節自身的酸鹼度，是現代防病健身的一種有效方法。

影響人體健康的關鍵因素之一是血液的酸鹼平衡，當人體血液的酸鹼度pH值在7.35～7.45之間時，處於酸鹼平衡的良好狀態，此時人的生理代謝最旺盛，體能精力最充沛，免疫功能最強。當人的血液pH值低於中性7時就會產生重大疾病，下降到6.9時就會變成植物人，如果只有6.7～6.8時人就會死亡。測定自身的酸鹼度的方法如下。

方法一：一個人體質變酸，一般會出現下列23種症狀。如

符合某些症狀，請將症狀後的分數相加，算出總分數便可判斷出身體的酸性程度。（1）早起精神不佳（1分）；（2）夜裡睡不好、失眠（2分）；（3）整天都感到很累（2分）；（4）工作想速戰速決，沒有持久力（1分）；（5）情緒不穩定，容易發怒（1分）；（6）易被蚊蟲叮咬（1分）；（7）容易得皮膚病（1分）；（8）容易發熱或感冒（2分）；（9）有高血壓、低血壓、肝臟病（3分）；（10）有糖尿病、腎臟病、痛風（3分）；（11）經常頭疼、腿痛、肩痠、腰痠（2分）；（12）身體肥胖（3分）；（13）有胃病、胃潰瘍（2分）；（14）有過敏症、便祕（2分）；（15）有哮喘病、失眠症、神經衰弱（2分）；（16）食欲不振（1分）；（17）牙齒易出血（2分）；（18）傷口易化膿（2分）；（19）喜歡喝（碳酸）飲料（1分）；（20）喜歡吃肉食、油膩食物（2分）；（21）喜歡喝酒（3分）；（22）喜歡吃甜食（1分）；（23）喜歡吸菸（3分）。

　　總分1～6分，身體處於酸鹼平衡的最佳狀況。總分7～12分為輕度酸性體質。總分13～18分為輕中度酸性體質，一般會出現頭疼、腿痛、肩痠、腰痠等症狀，已進入亞健康狀態，此時pH值多在7.35以下。總分19～24分為中度酸性體質，有發生糖尿病、腎臟病、痛風的危險。總分25～30分為中重度酸性體質，有發生高血壓、低血壓、肝臟病的危險。總分31～36分，為重度酸性體質。

　　方法二：判斷自己是否是酸性體質，最簡單方法是去藥店買pH精密試紙，檢查尿液的pH值。測試前一天晚上，應禁食對酸鹼度影響較大的食物，如紫菜、皮蛋、蒟蒻等。準備一個清潔乾燥的小瓶，取清晨第一次尿液，最好是中段尿5～10CC，後將試紙一端浸入尿液標本中，半分鐘後（或按說明書上的時間）取

出，並與標準色板在自然光線下進行比較，即得pH值。應注意人體的尿液比血液偏酸性，尿液pH值正常為5.5～6，如果連續三次發現pH值低於5，那就是屬於酸性體質。

Q 175.怎樣判斷自己是不是亞健康？

A答：亞健康常被診斷為疲勞綜合症、內分泌失調、神經衰弱、更年期綜合症等。其在心理上的具體表現是精神不振、情緒低沉、反應遲鈍、失眠多夢、白天困倦、注意力不集中、記憶力減退、煩躁、焦慮、易驚等。在生理上則表現為疲勞、乏力、活動時氣短、出汗、腰痠腿疼等。

亞健康的症狀有以下幾點。

（1）心血管症狀。一上樓或稍走動多些就感到心慌、氣短、胸悶、憋氣。

（2）有時覺得心慌、氣短、渾身乏力，但心電圖顯示卻正常；不時地頭痛、頭暈，可是血壓和腦電圖都沒什麼問題。

（3）消化系統症狀。見到飯菜沒有胃口，雖覺得餓但不想吃。

（4）骨關節症狀。經常感到腰痠背痛，活動脖子時「格格」作響。

（5）神經系統症狀。經常頭痛，記憶力差，全身無力，容易疲勞。

（6）泌尿生殖系統症狀。性功能低下，沒有性要求，尿頻，尿急。

（7）精神心理症狀。莫名其妙心煩意亂，遇小事易生氣、緊張、恐懼，遇事常往壞處想。

（8）睡眠症狀。入睡困難，凌晨早醒，噩夢頻頻。

Q 176.自測心臟功能的方法有哪些？

A答：（1）心率。① 居家自測心功能：安靜平臥床上片刻，根據脈搏記錄安靜平臥時的心率。然後從臥位快速站立起來，此時人會感到心跳加快並有頭昏感覺，馬上根據脈搏再次記錄站立後的心率。將兩次心率數進行比較，兩次心率之間的差數越大，心臟功能越好，如果兩次心率的差數小於10，說明心臟功能不良，需要檢查和治療。② 深呼吸法：老年人，特別是有冠心病、糖尿病和高血壓的老年人，可採用此法判斷和了解心臟功能。患者安靜平臥，在1分鐘內做6次均勻的深呼吸，根據脈搏紀錄深吸氣和深呼氣的心率。平均每次吸氣和呼氣心率之差大於10，說明心臟功能尚好。如果差數小於10，說明心臟功能不良，很可能是以上疾病損害了心臟的自主神經，導致心臟功能衰弱。凡是自測心臟功能不良的老人，應到醫院檢查，做心電圖和超聲心動圖，以便進一步檢查心臟功能，並查出原因，及時進行治療，使衰弱受損的心臟恢復健康。

（2）節律。正常人每次心跳間隔互差不能大於0.12秒以上，明顯的頻率不等是心臟病佐證，如出現過度的長期間歇，很可能是各類傳導阻滯，應及時到醫院檢查心電圖，明確診斷，及早用藥。

（3）睡眠。部分老人睡到深夜突然感到心慌、氣促，坐起後氣急緩解，這是夜間性左心衰表現，也是心功能不全的一種反映。有以上情況的老年人，應服藥治療，以改善心臟功能，睡眠枕頭適當增高可避免氣促現象。正確的睡眠姿勢是右側臥位，連

續5天睡眠不足心臟功能減弱。

（4）症狀。各類心臟病有各種症狀，一旦出現呼吸困難、胸痛、吐泡沫樣血痰、眼前發黑，這些都是心臟病症狀，不能麻痺大意，應及早去醫院治療。

（5）運動。有部分心臟病人在平靜情況下不能顯示出心臟病變，只有在增加心臟負荷情況下，才能顯露心臟病本質，最典型的是冠心病人。正常的心臟有足夠儲備能力，有一定運動負荷，當心臟發生某一疾病時，這種儲備力就會明顯減弱，則輕微活動就會感到氣急，疑有冠心病但又沒有確切依據的，應去醫院做動態心電圖檢查。

Q 177.如何自測骨質疏鬆？

A 答：骨質疏鬆症是一種退化性全身性骨骼疾病，是老年人的常見病，其特徵為骨量減少、骨強度降低、骨脆性增加，容易發生骨折。大多屬於原發性，包括停經後骨質疏鬆症和老年性骨質疏鬆症。

（1）自我預測法。① 平時起步走或身體移動時，腰部是否會感到疼痛；② 是否背部或腰部常感覺無力、疼痛，並漸漸地成為慢性疼痛；③ 背部、腰部漸漸後突，變彎變圓（駝背）；④ 身高較年輕時降低，體形變矮了。如果出現2項以上，可高度懷疑患了骨質疏鬆症。

（2）骨質疏鬆1分鐘自測法。1分鐘自我測試是國際骨質疏鬆基金會推薦的，請回答「是」或「否」。① 您的父母雙親中有沒有輕微碰撞或者跌倒就會發生髖部骨折的情況？② 您是否曾經因為輕微的碰撞或者跌倒就會傷到自己的骨骼？③ 您經常連續3

個月以上服用激素類藥品嗎？④ 您的身高是否降低了3公分？⑤ 您經常過度飲酒嗎？ ⑥每天您吸菸超過20支嗎？⑦ 您經常患痢疾腹瀉嗎（由於腹腔疾病或者腸炎而引起）？⑧ 女士回答：您是否在45歲前停經？⑨ 女士回答：您是否有過連續12個月以上沒有月經（除了懷孕期間）？

　　如果答案中有部分或者全部為「是」，說明可能存在骨質疏鬆的危險，但這並不證明就患了骨質疏鬆症。可以把測試結果交給醫生尋求指導，看是否有必要進一步測試。

Q 178.腰椎間盤突出如何自我檢測？

A答：（1）在急性扭傷後，是否跛行，如走路時一手扶腰或患側，下肢怕負重，而呈一跳一跳的步態，或是喜歡身體前傾，而臀部凸向一側。

　　（2）輕輕咳嗽一聲或數聲，腰疼是否加重。

　　（3）仰臥位休息後，疼痛仍不能緩解；在左側臥位、彎腰屈髖屈膝時，疼痛症狀能否緩解。

　　（4）仰臥位，自行或旁人手觸後腰部、腰椎正中及兩側，檢查是否有明顯壓痛。

　　（5）仰臥位，然後坐起，觀察自己下肢是否因疼痛而使膝關節屈曲。

　　（6）仰臥位，患側膝關節伸直，並將患肢抬高，觀察是否因疼痛而使其高度受到限制。

　　6種自我檢查方法，一般如有1項符合都應視為有患腰椎間盤突出的可能。

Q 179.測定肥胖的方法有哪些？

A答：（1）腰圍。成年人群適宜的腰圍數：男性為85公分，女性為80公分，以成年人的體形推算，如果男性腰圍在90公分以上及女性腰圍在80公分以上者，宜小心飲食及多做運動，以免出現腹部性肥胖。

（2）體重。

公式一：男性標準體重（公斤）＝〔身高（公分）－80〕×0.7

女性標準體重（公斤）＝〔身高（公分）－70〕×0.6

在標準體重20%以下者為瘦；在標準體重20%以上者為肥胖。

公式二：男性體重（公斤）＝身高（公分）－105

女性體重（公斤）＝身高（公分）－102

體重在標準上下10%內為正常，低於標準10%以上者為消瘦，超過10%以上者為超重，超過20%者為肥胖。

（3）體重指數。

體重指數＝體重（公斤）÷身高（公尺）的平方

體重指數正常值為24，超過24為超重，超過28為肥胖。

（4）臀腰比值。腹部性肥胖的量度方法就是測臀腰比值，即用腰圍尺碼除以臀圍。男性在0.9或女性在0.8以上者，表明腹內脂肪積聚過多。

（5）體脂肪率。體脂肪率是身體是否發胖的一個重要指數。

做以下測試題能推算出體脂肪率：① 現在比18歲時的體重多了5公斤以上；② 吃飯像秋風掃落葉一樣，一掃盤中所有的食

物；③ 體重沒變，但肌肉卻越來越鬆弛了；④ 嘴總是不停，包裡總能找著零食；⑤ 和油炸食物是好朋友；⑥ 腰圍除以臀圍的比值大於0.76；⑦ 你有「電梯小姐」的雅稱，即使是從一樓到二樓也得搭乘電梯；⑧ 你總是不斷地減肥，又不斷地反彈。

　　結果：6個以上肯定答案，說明體脂肪率在30%以上，體內已經囤積了許多多餘的脂肪，再不採取行動改善的話，會越來越胖，體脂肪率超過30%不僅外表看起來臃腫，也易患各種疾病，趕快下定決心開始減肥；3～5個肯定答案，說明體脂肪率在25%～30%之間，看起來雖然不胖，也很清楚說明正一步步向肥胖族靠近，趕快改變飲食方式與生活習慣，並開始做運動；2個以下肯定答案，說明脂肪率在25%以下，可以放心。

Q 180.怎樣自測腎臟健康狀況？

A答：一般腎臟檢查主要有尿常規、腎功能及腎臟超音波檢查，簡易自查下列項目也可初步了解腎臟健康狀況。

　　（1）感到尿量減少。

　　（2）舒張壓逐漸增高，超過90毫米汞柱。

　　（3）容易患感冒，扁桃腺腫大。

　　（4）晨起時眼瞼浮腫，面部顏色不好看。

　　（5）飯量未減少但體重下降。

　　（6）尿裡出現細胞（或血尿）、蛋白顆粒型。

　　（7）腰痛，體溫偏高。

　　有一項記1分，記下所得的分。1～2分時，表示開始老化；3～4分時，除了自然老化外，還可能有其他疾病；5分以上時，應立即請專科醫生檢查。

Q 181.自查早期糖尿病及糖尿病輕重的方法有哪些？

A答：（1）老年人要警惕下列10種情況，如果具有2條以上，即要注意罹患隱性糖尿病的可能，應該及早去醫院就診，以免延誤病情。① 有糖尿病家族史。② 常喜歡空腹吃甜食。③ 肥胖者，女性腰圍與臀圍之比大於0.7～0.8，上身明顯肥胖，易患糖尿病。④ 常出現多汗，尤其是面、頸、手、足等局部出汗多，常有饑餓、頭昏、心慌以及低血糖現象。⑤ 無原因的全身皮膚搔癢，有時表現為肩部、手足麻木，身體有灼熱感。⑥ 皮膚易生癤、癰，傷口和皮膚感染癒合慢。⑦ 無原因的視力減退、視覺模糊，或出現白內障、青光眼，且發展很快。⑧ 常有排尿困難症狀，除男性因前列腺肥大引起以外，應警惕患糖尿病的可能。⑨ 有時排出的尿液內含有大量的泡沫，且長時間難以消失；如果將尿液灑在地面上，乾後有發白留痕現象，並且可吸引蟻、蠅蟲前來。⑩ 無原因的倦怠、乏力，即使處於休息狀態，身體也感到十分疲倦。

（2）自檢糖尿病輕重的方法。① 煩渴多飲。如果仍有明顯的煩渴多飲、多尿症狀，就意味著血糖、尿糖都還高，糖尿病控制不好。② 頻繁排尿。頻繁排尿是由高血糖引起的利尿現象，夜尿次數常是一個重要表現，夜尿次數越多，說明糖尿病控制得越差。③ 體重未減。多年來體重未減，甚或增加，說明糖尿病不重或控制尚好，若體重日益減輕，說明病情控制不好。④ 多食。多食為糖尿病特點之一，若反而不能食者，或噁心、嘔吐，則為惡化的徵象。⑤ 視力模糊。血糖升高，晶狀體中的高濃度葡萄糖使水進入晶狀體，這樣晶狀體就難變形對焦，因此視力模糊。⑥ 陰部感染。反覆發作泌尿系統感染陰部搔癢、帶下腐臭、尿頻、尿

急、尿痛等症，說明病情控制得不好，因為高血糖時黴菌更容易生長，尿糖增高，細菌容易繁殖。⑦ 不適感。糖尿病控制不良，如疲乏、肢體痠痛麻木及情緒不佳等。若糖尿病合併神志恍惚、嗜睡、煩躁、癰疽、浮腫、泄瀉等症狀為惡化的徵象。

Q 182. 老人身體健康有哪些表徵？

A答：（1）眼有神。目光炯炯，說明視覺器官與大腦皮層功能良好。眼睛是人體精氣彙集的地方，眼有神是精氣旺盛。心、肝、腎功能良好的證據。

（2）聲息和。說話聲音洪亮，呼吸從容不迫，說明發音器官、言語中樞、呼吸系統、循環系統的生理功能良好。

（3）門前鬆。指小便正常，暢通無阻，說明泌尿系統功能良好。

（4）後門緊。指無腸胃病，不拉稀，為中氣尚足之表現。

（5）形不豐。指形體不過度肥胖，「千金難買老來瘦」，雖是民間說法，卻有一定的道理。

（6）牙齒堅。指牙齒退化慢，脫落少。中醫認為，齒為骨之餘，腎主骨生髓。則牙齒堅固，自然多壽。骨敗齒搖為腎敗之特徵。

（7）腰腿健。指腰腿老化慢，活動性較好，說明運動神經機能健全。俗話說：「人老腿先老，得病腰先病。」國家醫學認為，腎主腰腿，腰腿靈活有力，是肝腎不虧。表現為「三不」：上樓胸不悶、步行氣不短、走路腿不痛。

（8）脈形小。脈小不大，一般血壓不高，心律正常，動脈血管硬化程度低，為氣血調和，氣不外泄之徵。

（9）反應靈敏。思維能力及表達能力較強，說話不顛三倒四，分析問題有邏輯性，是長壽老人的特徵之一，為大腦健康的主要表徵。

有人歸納健康老年人表現應該有「十得」：即說得準、看得懂、看得清、算得出、走得動、站得直、吃得下、便得暢、睡得好、想得通。體檢應該「六正常」，即體重正常、血壓正常、血糖正常、血脂正常、血尿酸正常、心電圖正常。老年生活的健康準則就是「一個中心，兩個基本點，三擁有三忘記」，一個中心是以健康為中心；兩個基本點是糊塗一點、瀟灑一點；三擁有是有個老伴，有個老窩、有點養老錢；三忘記是忘記年齡、忘記名利、忘記怨恨。

Q 183.老人心理健康標準有哪些？

A答：（1）充分的安全感。安全感需要多層次的環境條件，如社會環境、自然環境、工作環境、家庭環境等等，其中家庭環境對安全感的影響最為重要。家是躲避風浪的港灣，有了家才會有安全感。

（2）充分地了解自己。就是指能夠客觀分析自己的能力，並作出恰如其分的判斷。能否對自己的能力做出客觀正確的判斷，對自身的情緒有很大的影響。如過高地估計自己的能力，勉強去做超過自己能力的事情，常常會得不到想像中的預期結果，而使自己的精神遭受失敗的打擊；過低的估計自己的能力，自我評價過低，缺乏自信心，常常會產生憂鬱情緒。

（3）生活目標切合實際。要根據自己的經濟能力、家庭條件及相應的社會環境來制訂生活目標。生活目標的制訂既要符合

實際，還要留有餘地，不要超出自己及家庭經濟能力的範圍。道家的創始人老子曰：「樂莫大於無憂，富莫大於知足。」

（4）與外界環境保持接觸。這樣一方面可以豐富自己的精神生活，另一方面可以及時調整自己的行為，以便更好地適應環境。與外界環境保持接觸包括與自然、社會和人的接觸。老年人退休在家，有著過多的空閒時間，常常產生憂鬱或焦慮情緒。如今的老年活動中心、老年文化活動站以及老年大學為老年人與外界環境接觸提供了相關條件。

（5）保持個性的完整與和諧。個性中的能力、興趣、性格與氣質等各個心理特徵必須和諧而統一，生活中才能體驗出幸福感和滿足感。一個人的能力很強，但對其所從事的工作無興趣，也不適合他的性格，所以他未必能夠體驗成功感和滿足感。相反，如果他對自己的工作感興趣，但能力很差，力不從心，也會感到很煩惱。

（6）具有一定的學習能力。在現代社會中，為了適應新的生活方式，就必須不斷學習。比如：不學習電腦就體會不到上網的樂趣；不學健康新觀念就會使生活仍停留在吃飽穿暖的水準上。學習可以鍛鍊老年人的記憶和思考能力，對於預防腦功能減退和老年癡呆有益。

（7）保持良好的人際關係。人際關係的形成包括認知、情感、行為三個方面的心理因素。情感方面的聯繫是人際關係的主要特徵，在人際關係中，有正面積極關係，也有負面消極關係，而人際關係的和諧與否，對心理健康有很大的影響。

（8）能適度地表達與控制自己的情緒。對不愉快的情緒必須給予釋放或稱為宣洩，但不能發洩過分，否則，既影響自己的生活，又加劇了人際關係惡化問題。另外，客觀事物不是決定情

緒的主要因素，情緒是透過人們對事物的評價而產生的，不同的評價結果引起不同的情緒反應。

（9）有限度地發揮自己的才能與興趣愛好。一個人的才能與興趣愛好應該對自己有利、對家庭有利、對社會有利，否則只顧發揮自己的才能和興趣，而損害了他人或團體的利益，就會引起人際糾紛，而增添不必要的煩惱。

（10）在不違背社會道德規範的情況下，個人的基本需要應得到一定程度的滿足。當個人的需求能夠得到滿足時，就會產生愉快感和幸福感。但人的需求往往是無止境的，在法律與道德的規範下，滿足個人適當的需求為最佳的選擇。

Q 184.中、老年人如何用慢跑自測體質健康狀況？

A 答：美醫學家顧柏博士經14年研究，創造了一種中、老年人快速自我體質檢驗法，在美國各地進行推廣，方法如下：

（1）40～49歲的人。① 在12分鐘內如果只能慢跑1,200公尺以下，其健康與體質均差；② 能慢跑1,300～1,600公尺者，其體質屬不合格；③ 能慢跑1,700～2,100公尺者，其體質為及格；④ 能慢跑2,200～2,400公尺者，其體質算很好；⑤ 能慢跑2,500公尺以上的人，其體質算最好。

（2）50～60歲的人。① 在12分鐘內，慢跑不到1,200公尺者，其體質算很差；② 慢跑1,200～1,500公尺者，其體質屬不合格；③ 能慢跑1,600～1,900公尺者，其體質算合格；④ 能慢跑2,000～2,400公尺者，其體質算尚佳；⑤ 能慢跑2,500公尺以上的人，其體質算很好。

這種快速體檢法的根據是，一個人邊跑邊呼吸，直跑到氣喘

為止，這樣跑最終距離就是跑步者的最大吸氧量，跑得越遠，吸氧就越大，證明跑步者的身體越健康。

Q 185.中年如何自測衰老狀況？

A答：雖然專家對早衰沒有定論，但在一些日常能夠看見、能夠感覺的體徵中，還是可以看到非正常衰老的危險信號。

（1）身高、體重下降。大多數由於體內鈣代謝失常，骨質疏鬆所致，是早衰的重要徵兆。由於體內骨鈣缺少，椎間盤磨損，脊椎彎曲度逐漸增加，導致身高下降。

（2）皺紋和色斑增多。早衰現象通常會在皮膚上顯現出來。當皮膚隨機體老化而老化時，彈性減弱，皺紋增多，粗糙脫屑，色斑漸生。最能展現早衰的是口腔顴骨出現溝樣皺紋、伴有眼瞼腫脹和眼球凹陷、在顏面和頸部出現單個黃褐色斑點。

（3）頭髮和牙齒脫落。早衰一出現，人的牙齦便逐漸萎縮，使牙根外露，牙齒缺少依附而變得鬆動，最終導致脫落。頭髮開始成片發白，並在洗頭及睡覺後有較多頭髮脫落，更是早衰的徵兆。

（4）聽力和視力減退。對聽力減退的認定，除了對音量的敏感度降低，最重要的是對音階或音頻的分辨力下降；對視力減退的認定，除了視物距離縮短，最重要的是暗視適應力和視野變窄。

（5）思考和語言遲鈍。如果在中年後期便出現思考遲鈍，語言表達力不從心，並伴有多疑、焦慮、囉嗦，便是早衰的症狀。

（6）單腳站立測衰老度。人們通常將白髮與皺紋看作老化

的象徵，這已被證明不太準確。單腳站立是日本京都醫科大學提出的一個簡易測衰老及衰老程度的辦法：雙手緊貼大腿兩側，閉上雙眼，一隻腳抬起，離地20公分，一隻腳站立，計算穩定站立的時間，可大致上判定與年齡相關的老化程度：50～59歲為7.4秒，60～69歲為5.8秒，70～79歲為3.3秒，未達這些標準者表明老化速度過快。女性可較男性推遲10歲計算。

參考文獻

〔1〕柏樹令。系統解剖學。北京：人民衛生出版社，2005.3。

〔2〕張雪松。決定健康的999個細節。北京：中國輕工業出版社，2008.1。

〔3〕郭玥。求醫先查自己——管好健康的81個實用自查方法。南寧：廣西科學技術出版社，2008。

〔4〕何權峰。察顏觀色知健康——從生活中自測疾病（增補本）。北京：中國友誼出版公司，2004。

健康養生小百科好書推薦

圖解特效養生36大穴
NT：300（附DVD）

圖解快速取穴法
NT：300（附DVD）

圖解對症手足頭耳按摩
NT：300（附DVD）

圖解刮痧拔罐艾灸養生療法
NT：300（附DVD）

一味中藥補養全家
NT：280

本草綱目食物養生圖鑑
NT：300

選對中藥養好身
NT：300

餐桌上的抗癌食品
NT：280

彩色針灸穴位圖鑑
NT：280

鼻病與咳喘的中醫快速
療法 NT：300

拍拍打打養五臟
NT：300

五色食物養五臟
NT：280

疼痛革命
NT：300

你不可不知的防癌抗癌
100招 NT：300

自我免疫系統是身體最好的醫院
NT：270

心理勵志小百科好書推薦

全世界都在用的80個
關鍵思維NT：280

學會寬容
NT：280

用幽默化解沉默
NT：280

學會包容
NT：280

引爆潛能
NT：280

學會逆向思考
NT：280

全世界都在用的智慧
定律 NT：300

人生三思
NT：270

陌生開發心理戰
NT：270

人生三談
NT：270

全世界都在學的逆境
智商NT：280

引爆成功的資本
NT：280

每個人都要會的幽默學
NT：280

潛意識的智慧
NT：270

10天打造超強的成功智慧
NT：280

華志文化事業有限公司
HUACHIH CULTURE CO., LTD

116 台北市文山區興隆路 4 段 96 巷 3 弄 6 號 4 樓
E-mail： huachihbook@yahoo.com.tw　電話：(886-2)22341779

【華志 2013-3 月圖書目錄】

書號	書名	定價	書號	書名	定價
	健康養生小百科 18K				
A001	圖解特效養生 36 大穴（彩色）	300 元	A002	圖解快速取穴法（彩色）	300 元
A003	圖解對症手足頭耳按摩（彩色）	300 元	A004	圖解刮痧拔罐艾灸養生療法(彩)	300 元
A005	一味中藥補養全家（彩色）	280 元	A006	本草綱目食物養生圖鑑（彩色）	300 元
A007	選對中藥養好身（彩色）	300 元	A008	餐桌上的抗癌食品（雙色）	280 元
A009	彩色針灸穴位圖鑑（彩色）	280 元	A010	鼻病與咳喘的中醫快速療法	300 元
A011	拍拍打打養五臟（雙色）	300 元	A012	五色食物養五臟（雙色）	280 元
A013	痠痛革命	300 元	A014	你不可不知的防癌抗癌 100（雙）	300 元
A015	自我免疫系統是最好的醫院	270 元	A016	美魔女氧生術（彩色）	280 元
	心理勵志小百科 18K				
B001	全世界都在用的 80 個關鍵思維	280 元	B002	學會寬容	280 元
B003	用幽默化解沉默	280 元	B004	學會包容	280 元
B005	引爆潛能	280 元	B006	學會逆向思考	280 元
B007	全世界都在用的智慧定律	300 元	B008	人生三思	270 元
B009	陌生開發心理戰	270 元	B010	人生三談	270 元
B011	全世界都在學的逆境智商	280 元	B012	引爆成功的資本	280 元
B013	每個人都要會的幽默學	280 元	B014	潛意識的智慧	270 元
B015	10 天打造超強的成功智慧	280 元			
	諸子百家大講座 18K				
D001	鬼谷子全書	280 元	D002	莊子全書	280 元
D003	道德經全書	280 元	D004	論語全書	280 元
	休閒生活館 25K				
C101	噴飯笑話集	169 元	C102	捧腹 1001 夜	169 元
	生活有機園 25K				
E001	樂在變臉	220 元	E002	你淡定了嗎？不是路已走到盡頭，而是該轉彎的時候	220 元
E003	點亮一盞明燈：圓融人生的 66	220 元			

國家圖書館出版品預行編目資料

自我免疫系統是身體最好的醫院 / 傅治梁，于建
萍作. -- 初版. -- 新北市：華志文化，2013.03
面；　公分. --（健康養生小百科；15）

ISBN 978-986-5936-36-5（平裝）

1. 家庭醫學　2. 保健常識

429　　　　　　　　　　　　　　102001691

華志文化事業有限公司

系列／健康養生小百科0 1 5

書名／自我免疫系統是身體最好的醫院

主　　編　傅治梁、于建萍醫師

執行編輯　林雅婷

美術編輯　黃美惠

文字校對　陳麗鳳

企劃執行　康敏才

總編輯　黃志中

社　　長　楊凱翔

出版者　華志文化事業有限公司

電子信箱　huachihbook@yahoo.com.tw

電　　話　02-22341779

地　　址　116台北市文山區興隆路四段九十六巷三弄六號四樓

郵政劃撥　戶名：旭昇圖書有限公司（帳號：12935041）

傳　　真　02-22451479

電　　話　02-22451480

地　　址　235新北市中和區中山路二段三五二號二樓

總經銷商　旭昇圖書有限公司

電子信箱　s1686688@ms31.hinet.net

出版日期　西元二〇一三年三月初版第一刷

售　　價　二七〇元

版權所有　禁止翻印

本書由湖北科技出版社獨家授權華志出版

Printed in Taiwan

華志文化

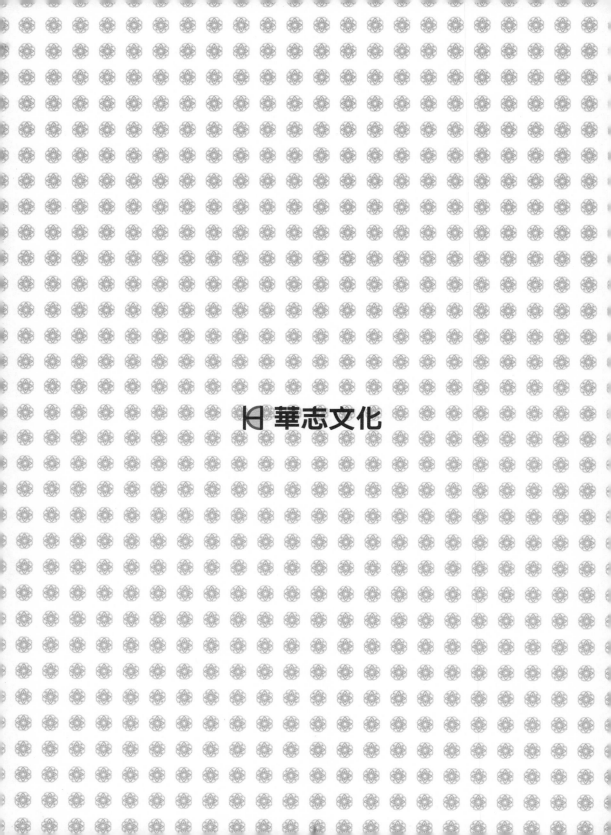

華志文化